国家自然科学青年基金项目"水文极端事件强度和频率变化规律研究 —— 淮河上游区域为例"（41101035）资助

淮河流域
气候水文要素变化及成因分析研究

HUAIHE LIUYU QIHOU SHUIWEN YAOSU BIANHUA JI CHENGYIN FENXI YANJIU

高 超◎著

安徽师范大学出版社

责任编辑:郭行洲　祝凤霞
装帧设计:丁奕奕

图书在版编目(CIP)数据

淮河流域气候水文要素变化及成因分析研究 / 高超著.—芜湖：安徽师范大学出版社，2012.12（2025.1 重印）

ISBN 978-7-81141-818-7

Ⅰ.①淮… Ⅱ.①高… Ⅲ.①淮河—流域—气候变化—水文要素—研究 Ⅳ.①P468.25

中国版本图书馆 CIP 数据核字(2012)第 181224 号

淮河流域气候水文要素变化及成因分析研究

高　超　著

出版发行:安徽师范大学出版社
　　　　　芜湖市九华南路 189 号安徽师范大学花津校区　　邮政编码:241002
网　　　址:http://www.ahnupress.com/
发 行 部:0553-3883578　5910327　5910310(传真)　　　E-mail:asdcbsfxb@126.com
经　　销:全国新华书店
印　　刷:阳谷毕升印务有限公司
版　　次:2012 年 12 月第 1 版
印　　次:2025 年 1 月第 2 次印刷
规　　格:787×960　1/16
印　　张:9.75
字　　数:165 千
书　　号:ISBN 978-7-81141-818-7
定　　价:45.00元

目　录

图　录

表　录

1 绪 论

我国幅员辽阔,生态环境复杂多样,气候变化对不同地区产生的影响不同,不同区域对气候变化的响应、敏感度和适应能力也不同。妥善应对气候变化,事关我国经济社会发展全局和人民群众切身利益。淮河流域属我国南北气候、中低纬度和海陆相三种过渡带的重叠地区,天气气候复杂多变,探究淮河流域气候水文要素变化规律对科学应对气候变化带来的影响具有重要意义。

1.1 问题的提出

当前,气候变化及其对人类环境的影响成为科学界日益重视的重大问题。科学研究以及政府间气候变化专门委员会(IPCC)第四次评估报告表明,气候系统变暖的客观事实不容置疑(IPCC,2007)。我国的《气候变化国家评估报告》指出,中国近 100 年来年平均地表气温略有上升,升高幅度为 0.5 ℃ ~ 0.8 ℃,增温速率比同期全球平均水平略强;近 100 年来的年降水量没有出现明显的趋势性变化 (Jiang *et al*,2006;《气候变化国家评估报告》,2007)。但我国有些地区如四川盆地、淮河流域等气温却呈下降趋势,如淮河流域 1951—1990 年气温呈下降趋势 (Chen *et al*,1991;任国玉等,2007),淮河流域平均年降水量从 1956 年到 2000 年约减少 50 mm ~ 200 mm(《气候变化国家评估报告》,2007)。这些现象引发了学者对气候变化及其未来趋势预估这一热点的关注,已有不少学者对国内各大流域开展这方面的研究(Su *et al*,2006;Wang *et al*,2007;田红,2008;姜彤等,2005;任国玉等,2005;王国杰,2006;曾小凡等,2007;刘绿柳等,2009;高超,2010)。

淮河是我国一条重要的自然地理界线,淮河流域介于长江和黄河两大流域之间,对于该流域气候变化方面的研究,多以整个江淮地区(田红,2005)或者对淮河流域单个气候现象(如梅雨)等的研究为主(徐群等,2007;

王慧等,2002),或者究淮河流域气候变化对水资源等的影响(陈英等,1996; Gao *et al*,2010),而对淮河流域过去气候变化事实和未来情景研究不多(高歌 等,2008)。高歌等人(2008)主要根据多模式结果分析 2011—2040 年降水、温度变化,结合水文模型分析未来气候变化对淮河流域径流的可能影响,但未对过去淮河气候变化事实和未来变化趋势做详尽分析。

在中国乃至全球气候变化的背景下,淮河流域气候是否有相应的变化?变化规律如何?未来趋势如何?这些问题尚未得到系统的研究。

政府间气候变化专门委员会第四次评估报告指出:气候系统变暖的客观事实不容置疑,其将改变大气降水的空间分布和时间变异特性,改变水循环,影响水资源时空分布格局(IPCC,2007)。气候变化将改变全球水文循环的现状,引起水资源在时空上的重新分配,并对降水、蒸发、径流、土壤湿度等造成直接影响。深入研究气候变化对水的影响可为水资源的合理开发及可持续利用、经济社会的可持续发展提供科学依据。在全球变暖的影响下,近 100 年来中国年平均地表气温升温幅度约为 0.5 ℃ ~ 0.8 ℃,因此,研究我国各流域水资源对气候变暖的响应非常必要(《气候变化国家评估报告》,2007)。

淮河流域是我国气候变化导致年径流量变化最大的地区之一(刘春蓁,1997)。对于淮河流域径流的研究,有马跃先(2008)、汪跃军(2007)对径流特征、时间尺度的研究,有汪美华等人(2003)对未来气候影响下淮河流域径流深的研究等。自 20 世纪 80 年代以来,由于区域经济快速发展、水质污染加重,淮河缺水现象频发,制约了该地区国民经济的进一步发展。淮河流域未来的水资源状况如何,这是目前人们普遍关心的问题(田红,2008)。因此,研究淮河径流量的未来变化趋势,对了解淮河水资源特征及未来演变趋势十分重要。

1.2 气候变化与径流量研究进展

全球变化科学是 20 世纪 80 年代发展起来的新兴科学领域。进入 21 世纪之后,全球变化的研究方向发生重大调整。首先是由认识气候系统基本规律的纯基础研究转变为研究与人类社会可持续发展密切相关的一系列生存环境实际问题;其次是从研究人类活动对环境变化的影响扩展到研究人类如何适应和减缓全球气候的变化速度(丁一汇,2006)。

气候变化已成为国际社会公认的主要全球性环境问题之一。为推动全球气候变化的研究,世界气象组织(WMO)、联合国开发计划署(UNDP)、联合国环境规划署(UNEP)、联合国教科文组织(UNESCO)和国际水文科学协会(IAHS)等一些国际组织,积极发起并开展国际合作研究、实施一系列相应研究计划,如世界气候计划(WCP)、国际地圈—生物圈计划(IGBP)、全球能量与水循环试验(GEWEX)、国际水文计划(IHP)等。1988年联合国环境规划署及世界气象组织共同组建联合国政府间气候变化专门委员会(IPCC),其主要任务是为政府决策者提供气候变化的事实和对未来气候的可能变化作出预测,以促使决策者认识人类对气候系统造成的危害并采取对策。IPCC定期开展以下工作:①评价已有的气候变化的科学信息;②评价气候变化对环境及社会经济产生的影响;③制定对策。目前,IPCC共完成四次评估报告,并分别于1991年、1996年、2001年和2007年发布。IPCC评估报告不仅为各国承担温室气体减排义务提供科学依据,而且也为指导各国采取适应气候变化的对策提出建议(王国庆,2008)。

1.2.1 气候变化和径流量变化观测事实研究

1.2.1.1 气候变化

气候变化观测事实的研究多数从流域角度出发,利用各种统计分析方法研究流域气候要素平均态变化趋势、周期特征等信息(刘昌明,2009;谢健,2009;王纪军,2009)。如曾小凡(2009)对长江流域年平均气温变化敏感区域进行时间演变分析和突变检测,研究结果表明:①长江流域年平均气温主要有两种空间振荡型、三个变化敏感区域的年平均气温在20世纪90年代明显升高,且均在90年代后期呈突变增加,其中,金沙江流域升温趋势最为明显,气候倾向率为0.20 ℃/10 a;②全流域1991—2005年年平均气温距平空间分布显示,自1991年以来全流域呈升温趋势,其中,长江流域中下游地区和金沙江流域是升温幅度最大的地区。王怀清(2009)对近50年鄱阳湖五大流域降水变化特征进行了研究,研究结果表明:①各流域的年降水量变化趋势基本一致,年降水量与年暴雨日数密切相关;②各流域年降水量、暴雨日数总体呈波动上升趋势;③年降水日数以 20 世纪 80 年代中期为界,之前呈波动上升趋势,之后呈波动下降趋势,2002 年至今各流域降雨日数明显偏少;④各流域的年降水量、降水日数、暴雨日数均未出现趋势性的突变;⑤近 50 年来鄱阳湖流域降水时间分布不均的情况加剧,旱涝灾害风险增加。

除流域角度以外,亦有从地区角度出发研究气候变化特征的,如,胡利平(2009)研究甘肃天水地区近 50 年的气温与降水变化特征,邱新法(2009)对重庆山地月平均气温的研究,等等。

对于极端气候要素的研究也是气候变化研究的重要内容,诸多学者就极端温度、极端降水等气象要素开展相应研究(苏布达等,2008;朱业玉等,2009;任朝霞等,2009;朱坚,2009;严平勇等,2009;高霞等,2009)。如严平勇等(2009)采用福建省 40 年气象资料,通过时间序列分析方法和非参数 Mann-Kendall 检验方法,对其各类极端气温变化进行分析,结果表明:其气温变化均表现升温趋势,月极端最低温度增暖趋势远大于月极端最高温度增暖趋势;复杂的地形对气温空间分布产生深刻的影响,沿海半岛、平原、山间盆地、河谷区气温明显高于周围山区;月极端最低气温纬度趋势分异明显,温度由东南向西北递减;月极端最高温度趋势分布大致以闽中大山脉为界,西北侧显示不明显的降低趋势,东南侧显示显著的升高趋势;月极端最低温度全区呈现上升的趋势,空间分布上以河谷、盆地地区为趋势增强中心。

高霞等(2009)分析近 45 年河北省极端降水事件频率变化的时空特征,结果显示:全省平均年最大日降水量呈下降趋势,1980 年为由多到少的转折点;强降水日数和暴雨日数变化不大,但南部平原地区一般减少,北部山地区域多有增加;降水日数明显减少,南部和东南部平原减少更显著;河北省强降水日数和暴雨日数在降水日数中的比重有增大趋势,这种相对增加的趋势主要发生在 20 世纪 90 年代中后期。

1.2.1.2 径流量变化

水是大气环流和水文循环中的重要因素,是全球气候变化最直接和最重要的影响领域(IPCC,2007)。IPCC 主席帕乔里在 IPCC 技术报告之六"气候与水"的序言中指出:"气候、淡水和各社会经济系统以错综复杂的方式相互影响。因而,其中某个系统的变化可引发另一个系统的变化。在判定关键的区域和行业脆弱性的过程中,与淡水有关的问题是至关重要的。因此,气候变化与淡水资源的关系是人类社会关切的首要问题。"气候变化对水资源的影响,是关系到人类社会经济可持续发展的重要科学问题,也是IPCC(2007)第四次气候变化评估报告的重点研究内容之一。

关于气候变化对水的影响研究起步于 20 世纪 70 年代后期,美国国家研究协会于 1977 年开始研究气候、气候变化和供水之间的相互关系和影响。世界气象组织(WMO)1985 年出版了气候变化对水文水资源影响的综述报告,并推荐了一些检验和评价方法,随后又给出了水文水资源系统对气候变化的敏感度分析报告。国际水文科学协会(IAHS)1987 年在第19 届国际 IUGG 大会中举办"气候变化和气候波动对水文水资源影响"的专题学术讨论会。进入 21 世纪,气候变化成为各种国际会议的主要议题。例如,2006 年在北京召开了地球系统科学联盟(ESSP)和全球水系统计划(GWSP)联合会议,其中第四个主题讨论的就是气候变化对海岸带、陆地河流的影响;2007 年在意大利召开的 IUGG 国际大会讨论了气候变化对水文水资源的影响研究的科学问题(张建云,2007)。研究的内容从对区域水资源平均可用水量的长期变化趋向(Schwarz et al,1977;Karl et al,1989;Zhang et al,2001;Kundzewicz et al,2005;郭华,2006;高超,2010;),逐步向洪水、干旱等极端事件的影响分析方向延伸(Smith et al,1993;Krasorskia et al,1993;徐立荣,2002;Bernhard et al,2006;程晓陶,2008)。

20 世纪 80 年代,我国开始气候变化影响方面的研究,1988 年在中国科学院及中国自然科学基金支持下,开展了"中国气候与海面变化及其趋势和影响研究"。在"八五"、"九五"和"十五"科技攻关项目中相继设立了气候变化影响专题。其中,国家"九五"重中之重的科技攻关项目"我国短期气候预测系统"中设立了"气候异常对我国水资源及水分循环的影响评估模型研究",以我国海河、淮河、汉江和赣江为研究对象,侧重气候变化影响评估模型和方法的研究,建立了半分布式水量平衡模型。近几年,国家越来越重视气候变化及其影响的研究。2008 年"气候变化对我国水安全影响及适应性对策研究"被列为水利行业重大研究专项,开展了气候变化与相关水问题的广泛研究;2010 年 "气候变化对我国东部季风区陆地水循环与水资源安全的影响及适应对策"由中国科学院和中国气象局承担,围绕"气候变化影响下水循环要素时空变异与不确定性、陆地水文—区域气候相互作用与反馈机理、气候变化影响下水资源的脆弱性与可持续性"等关键科学问题,选择对我国水资源安全有重要意义的东部季风区陆地水文时空分布和变化、南北方典型的水资源问题为切入点,分别从检测与预估、响应与归因、影响与后果、适应与对策四个层面开展工作。

近 50 年来,我国多数江河实测径流量呈现减少趋势,特别是 20 世纪 80 年代以来,北方河流径流量减少明显,如海河流域各站减少 40% 以上,黄河流域中下游各站减少 30% 以上。流域径流变化是气候变化、人类活动和社会发展共同影响的结果,气候变化对河川径流的影响程度随流域的不同而存在差异,在黄河中游地区,气候变化对河川径流减少的贡献率约为 38.5%(王国庆等,2008)。张凯等(2007)就黑河流域上游冰川地区对气候变化的响应研究表明:该区山区冰川不断萎缩,而且雪线持续升高,出现强烈的亏损。姚玉璧等(2008)研究得出洮河流域近 50 年来气候趋于暖干化,降水量减少,干燥指数上升,导致水资源呈显著下降趋势,年际变化存在 2~3 年、8~9 年、15 年的年际周期变化。

1.2.2 未来气候变化和径流量预估研究

1.2.2.1 气候变化情景设定

对于科学评估和决策过程来说,情景是一种有用的工具。在气候变化领域,情景是进行气候模拟、评估气候变化影响和脆弱性、选择适应和减缓措施以及分析气候变化相关政策的基础(Nakic *et al*,2000)。为了进行气候变化分析,需要构建几种不同的情景。例如,为了模拟未来气候的可能变化趋势,必须构建温室气体排放情景,它是气候模式的基本输入。

由于区域气候变化的复杂性和不确定性,以及大气环流模式(GCMs)对水文、陆地表面过程参数的定量过分简化,气候学家还难以准确地预测未来区域气候变化,未来气候变化的量值不是一种准确的预测值,而是一种可能出现的结果,故称"情景"。气候变化情景是建立在一系列科学假设基础上,对未来气候状态的时间、空间分布形式的合理描述。气候变化情景可分为增量情景和基于气候模式模拟的情景。增量情景是根据基准气候对不同气候因子进行简单的算术调整,这是研究生态系统响应气候变化的敏感性和脆弱性的简单而有效的方法。但由于增量情景包含了强制性的调整,从气象学上来说可能是不真实的。如根据未来气候可能的变化范围,任意给定气温、降水等气候要素的变化值,例如假定年平均气温升高 1 ℃、2 ℃、3 ℃、4 ℃等,年降水量增加或减少 5%、10%、20%等。每一种气温与降水的可能状况的组合就构成区域未来气候的一种情景(Pepper *et al*,1992)。

目前常用的情景是基于 GCMs 模拟的未来气候变化情景。这些大气环流模式将假设的未来温室气体排放情景作为模式输入,这些假设的排放情景是根据一系列驱动因子(包括人口增长、经济发展、技术进步、环境变化、全球化、公平原则等)的假设提出的未来温室气体和硫化物气溶胶排放的情况,进而得到一系列未来可能发生的气候情景。

利用 GCMs 进行气候情景的研究主要经历了以下阶段:20 世纪 80 年代末对大气中的温室气体浓度达到加倍时的气候变化情景;1992 年对大气中温室气体按照每年以 1%的幅度增至某一浓度时的气候变化情景模拟, 共有六个 IS92 排放情景;2000 年 IPCC 完成了排放情景特别报告(SRES),在 2007 年出版的 IPCC 第四次评估报告中使用 SRES 排放情景代替了前面的六个 IS92 排放情景。在 IPCC 于 2000 年出版的排放情景特别报告(SRES)中,考虑社会经济发展的主要方向是全球性经济发展或是区域性经济发展,侧重于发展经济或是致力于保护环境,未来世界发展框架主要假设为四种排放情景家族:A1、A2、B1 和 B2。利用这四种不同的排放情景,对未来的气候变化情景进行预估,来共同捕捉与驱动和排放相关的不确定性。

A1 框架和情景系列。该系列描述的未来世界主要特征是:经济快速增长,全球人口峰值出现在 21 世纪中叶,随后开始减少,未来会迅速出现新的和更高效的技术。它强调地区间的趋同发展和能力建设,文化和社会的相互作用不断增强,地区间人均收入差距持续减少。A1 情景系列划分为三个群组,分别描述了能源系统技术变化的不同发展方向,以技术重点来区分这三个 A1 情景组:矿物燃料密集型(A1F1)、非矿物能源型(A1T)、各种能源资源均衡型(A1B,此处的均衡定义为:在假设各种能源供应和利用技术发展速度相当的条件下,不过分依赖某一特定的能源资源)。

A2 框架和情景系列。该系列描述的是一个发展极不均衡的世界。其基本点是自给自足和地方保护主义,地区间的人口出生率很不协调,导致人口持续增长,经济发展主要以区域经济为主,人均经济增长与技术变化日益分离,低于其他框架的发展速度,代表着高排放情景。

B1 框架和情景系列。该系列描述的是一个均衡发展的世界。与 A1 系列具有相同的人口,人口峰值出现在 21 世纪中叶,随后开始减少;不同的是,经济结构向服务和信息经济方向快速调整,材料密度降低,引入清洁、能源效率高的技术。其基本点是在不采取气候行动计划的条件下,在全球范围内更加公平地实现经济、社会和环境的可持续发展,代表着中等排放情景。

B2 框架和情景系列。该系列描述的世界强调区域经济、社会和环境的可持续发展。全球人口以低于 A2 的增长率持续增长,经济发展处于中等水平,技术变化速率与 A1、B1 相比趋缓,发展方向多样。同时,该情景所描述的世界也朝着环境保护和社会公平的方向发展,但所考虑的重点仅局限于地方和区域一级。SRES 情景为气候变化分析提供了一个研究平台,正在成为气候变化研究领域的标准参照情景。在未来气候变化情景预估结果中广泛应用的是 SRES-A2、SRES-A1B 和 SRES-B1 三种情景。

IPCC 第四次评估报告(2007)共包含 20 多个复杂的全球气候系统模式(对过去气候变化进行模拟和对未来全球气候变化进行预估),其中,美国有 7 个(NCAR_CCSM3,GFDL_CM2_0,GFDL_CM2_1,GISS_AOM,GISS_E_H,GISS_E_R,NACR_PCM1),日本有 3 个(MROC3,MROC3_H,MRI_CGCM2),英国有 2 个(UKMO_HADCM3,UKMO_HADGEM),法国有 2 个(CNRMCM3,IPSL_CM4),加拿大有 3 个(CCCMA_3,CGCMT47 和 CGCMT-63),中国有 2 个(BCC-CM1,IAP_FGOALS1.0),德国(MPI_ECHAM5)、韩国(MIUB_ECHO_G)、澳大利亚(CSIRO_MK3)、挪威(BCCR_CM2_0)和俄罗斯(INMCM3)各有 1 个,参加的国家之广、模式之多是以前几次全球模式对比计划所没有的。IPCC 第四次评估报告的气候模式的主要特征是:大部分模式都包含了大气、海洋、海冰和陆面模式,考虑了气溶胶的影响,其中,大气模式的水平分辨率和垂直分辨率普遍提高,对大气模式的动力框架和传输方案进行了改进;海洋模式也有了很大的改进,提高了海洋模式的分辨率,采用了新的参数化方案,包括了淡水通量,改进了河流和三角洲地区的混合方案,这些改进都减少了模式模拟的不确定性;冰雪圈模式的发展使得模式对海冰的模拟水平进一步提高。

在我国,GCMs 得到了广泛的应用,邓慧平等(1996)采用 IPCC 推荐的四个 GCMs CO_2 倍增平衡模式(GISS、GFDL、OSU、UKMO)对松嫩草原的气温、降水的变化进行预测。赵宗慈等(2003)综合了七个全球模式,预测到2050 年西北地区可能变暖 2.0 ℃,降水将增加 19%,年径流量也呈增加趋势,增幅约为几个至十几个百分点。周秀骥、陈隆勋等(2004)应用德国气候研究中心气候模式、美国国家大气研究中心气候模式、美国地球物理流体力学实验室模式以及美国气象局气候预报和研究中心气候模式,对中国气候变化进行模拟,结果显示:在中国平均温度增暖 1.5 ℃ ~ 4.5 ℃ 的情况下,中国平均降水将增加约 3% ~ 15%。

1.2.2.2　气候变化预估

尽管科学家只能用气候情景或趋势对未来气候的可能变化进行描述,但不同气候模拟结果表明:气候进一步变暖的总体趋势基本一致。根据不同排放情景,预计 21 世纪末,全球平均温度将上升 1.1 ℃ ~ 6.4 ℃(IPCC,2007)。21 世纪我国气温将继续上升,其中北方增温幅度大于南方,与 2000 年相比,我国 2020 年平均气温约升高 1.1 ℃ ~ 2.1 ℃,到 2050 年平均升幅为 2.3 ℃ ~ 3.3 ℃(《气候变化国家评估报告》,2007)。对于未来降水的预测,各种模式给出的结果相差较大,例如,有这样的估计:全球范围内,高纬地区的降水量很可能增多,而多数副热带大陆地区的降水量可能减少,其中,在A1B 情景下,到 2100 年会减少 20%。模拟结果表明,我国未来降水总体呈现增加趋势,预计到 2020 年,年均降水量将增加 2% ~ 3%,到 2050 年可能增加 5% ~ 7%,但不同时段、不同区域变化趋势不一致。在 A2 情景下,2040 年之前,华北、华东和华中地区降水约减少 1% ~ 2%,其他地区则增加,全国干旱范围和程度将可能进一步增加;2040 年之后,全国降水呈增加趋势,洪涝灾害将可能加剧。

罗勇等 (1997) 利用高垂直、水平分辨率的区域气候模式 RegCM2 对1991 年夏季东亚洪涝案例的区域气候数值进行模拟,结果发现该模式空间分布模拟能力较强。高学杰等(2003)使用 RegCM2 进行了 CO_2 加倍对中国区域气候影响的数值试验,并对西北地区进行了重点分析。

黄刚等(2009)利用 IPCC AR4 中八个气候系统模式的资料,结合实际观测及再分析资料,分析气候系统模式对夏季西太平洋副热带高压南北位置、暖池对流和江淮降水关系的模拟能力,结果表明,在夏季西太平洋副热带高压的南北位置、暖池对流和江淮降水关系的模拟上,ECHAM5_MPI/OM 能合理地表征三者之间的关系。同时,曾小凡等(2009)在松花江流域验证了 ECHAM5 模式的模拟能力,翟建青等(2009)利用 ECHAM5 预估了中国2050 年前旱涝格局趋势等。

曹颖等(2009)利用五个大气环流模式(ECHAM4、CSIRO-Mk2、HadCM3、GFDL 等)对黄河流域 1961—1990 年温度和降水进行模拟,并以模拟结果为基础,通过与该流域同期观测值比较,分析各大气环流模式在黄河流域的适用性。研究结果表明:HadCM3、GFDL 两个模式对黄河流域温度的模拟结果较好;ECHAM4、HadCM3 两个模式对黄河流域降水的模拟结果较好。郝振纯等(2009)利用 GCMs 研究黄河源区也得出了相似的结论。凌铁军等(2009)利用 NCAR-CCSM3 经过同化得到的模拟结果与实际较为一致,较好地再现了中低纬太平洋海洋和大气的平均特征和随时间演变的规律,但仍存在如海表温度偏高、降水偏强等问题。

1.2.2.3 水文模型

气候变化对未来水文水资源影响的研究,主要是通过研究气候变化引起的流域气温、降水、蒸发等变化来预测径流可能的增减趋势及对其流域供水影响。评价气候变化影响的方法一般有三种:影响、相互作用和集成方法(王顺久,2006)。气候变化对区域水资源影响的研究常采用 What-if 模式:如果气候发生某种变化,水文循环各分量将随之发生怎样的变化,常遵循"未来气候情景设计—水文模拟—影响研究"的模式,可归纳为以下四个步骤(张利平等,2008):①定义未来气候变化情景;②选择、建立、验证水文水资源模型;③将气候变化情景作为流域水文模型的输入项,模拟、分析区域水文循环过程和水文变量;④评估气候变化对水文水资源的影响,根据水文水资源的变化规律和影响程度,提出相应的对策和措施。

其中,气候变化情景的生成与水文模型的建立是影响评价的关键。

选择和使用水文模型来评价气候变化对水文水资源的影响时,主要考虑下列几个因素:模型内在的精度;模型率定和参数变化;现有的资料及其精度;模型的通用性和适用性;与 GCMs 的兼容性。目前用于估算区域水文水资源对气候变化响应的水文模型主要有以下三大类:①经验统计模型,这类模型根据同期径流、降水与气温的观测资料,建立三者之间的相关关系,分析其长期的变化规律,并建立相关统计模型。这种方法在早期的研究中使用较多,如 Stockton(1979)建立了降水、气温和径流之间的经验关系,并以此来评价气温、降水变化对水文因子的影响;②概念性水文模型,是建立在水量平衡的基础上,描写径流从陆地的降雨,经过蒸发、入渗及产流等过程到出口断面产生的径流的模型,这类模型以水文现象的物理过程为基础,研究气候、径流的因果关系,以及流域水资源对气候条件的响应。目前具有代表性的概念性水文模型有 Stanford 模型、Sacra-mento 模型、Tank 模型、HEC-1 模型、SCS 模型、SSARR 模型等,国内有集总式的新安江模型,但集总模型的最大缺陷是忽略了地形、土壤、植被、土地利用、降水等流域特征参数空间分布的异质性,而把流域作为一个整体来处理;③分布式水文模型,这类模型按流域各处地形、植被、土壤、土地利用和降水等的不同,将流域划分为若干个水文模拟单元,在每一个单元上用一组参数反映该部分的流域特性,是一种能够较好地反映大陆尺度的流域水文模型。目前具有代表性的分布式水文模型有 TOPMODEL、VIC、SWAT、HBV 和 SWIM 模型等。刘昌明等(2003)应用 SWAT 模型的水量计算部分,选取黄河河源区为典型流域,基于 DEM 模拟不同气候和土地覆被条件下的黄河河源区地表径流的变化。

康尔泗等(1999)根据西北干旱区内陆河山区流域的特征及径流形成过程对 HBV 径流模型进行改进,建立月径流量对气候变化响应的模型。陈军锋等(2003)利用集总式水文模型(CHARM),模拟不同的气候与土地覆被条件下长江上游梭磨河流域的水量平衡,定量区分气候波动和土地覆被变化对水文影响的"贡献率"。

朱利等(2005)利用 SWAT 模型进行了汉江上游地区径流模拟的尝试,在率定出最佳月径流模拟参数值或参数变化值的基础上,当流域下垫面状况在水文响应预测期内不变时,通过假定气候变化情景研究区域水资源对气候变化的可能响应。

陈军峰等(2004)应用 SWAT 模型的水量平衡模块,模拟梭磨河流域气候波动及土地覆被变化对其径流量的影响。大尺度陆面水文模型——可变下渗能力模型 VIC 主要考虑大气—植被—土壤之间的物理交换过程,反映土壤、植被、大气中水热状态变化和水热传输。苏凤阁(2003)以 VIC 为基础,建立了气候变化对中国径流影响的评估模型。

高超等(2009)应用 HBV 模型对气候变化情景下淮河流域水资源的变化趋势进行了研究。顾万龙等(2010)利用 SWAT 模型研究了气候变化对淮河上游沙河流域水资源的影响。

1.2.2.4 预估径流量变化

气候变暖将对中国未来水资源产生较大的影响,可能表现为北方江河径流量减少,南方径流量增加,各流域年平均蒸发量将增大,旱涝等灾害的出现频率会增加, 进一步加剧水资源的不稳定性与供需矛盾(邓慧平等,1998;刘惠民等,1999;林而达等,2006)。陈桂亚等(2006)研究表明:嘉陵江流域在全球变暖条件下, 2050 年年径流量将减少 23%~27.9% ,2100 年将减少 28.2%~35.2% ,且在该年份内平均年径流量分别相当于目前 7 年一遇和 12.5 年一遇的干旱年。

范广洲等(2001)模拟研究了气候变化对滦河流域丰、枯水年不同季节水资源的影响, 结果表明:滦河流域地表径流量、次地表径流量、地下径流量以及河川径流量主要受降水量的变化影响, 受气温变化的影响较小。

张光辉等(2006)从干旱指数蒸发率函数出发,以 HadCM 3-GCM 对降水和温度的模拟结果为基础, 在 IPCC 发布的 A2、B2 两种发展情景下分析了未来近 100 年内黄河流域天然径流量的变化趋势。研究结果表明,多年平均年径流量的变化随着区域的不同而有显著差异,其变化幅度为 −48.0% ~ 203.0% 。

张建云等(2007)采用英国 Hadley 中心 RCM-PRECIS-SRES A2、B2 气候情景模拟未来气候变化对我国水资源的影响,结果表明:①未来 50~100 年,在北方地区,特别是宁夏、甘肃等省(区)多年平均径流量可能明显减少,在南方的湖北、湖南等部分省份可能有所增加;②中国北方地区水资源短缺形势不容乐观,特别是宁夏、甘肃等省(区)的人均水资源短缺矛盾可能加剧;③对气候变化承受能力最脆弱的流域为海河、滦河流域,其次为淮河、黄河流域,而整个内陆河地区由于干旱少雨承受能力也非常脆弱。

高歌等(2009)采用新安江月分布式水文模型,结合 1961—2000 年历史月气候资料和四个 CGCMs（GFDL-CM2.1、ECHAM5-MPI、CGCM2-MRI、HADCM3-UKMO)的三个 SRES 排放情景(B1、A2、A1B)下未来降水和气温情景模拟结果,对过去淮河流域的径流进行模拟检验,并对未来 2011—2040 年的径流量影响进行评估。结果表明:多数 CGCMs 的不同排放情景下,未来 2011—2040 年,淮河流域气候将趋于暖湿,但年径流量将可能以减少趋势为主。Guo 等(2002)采用大尺度半分布式的月水量平衡模型和 GCMs 气候情景就未来气候变化对我国主要流域的水资源的影响进行了探讨。

气候变化对水利的影响目前主要集中在气候变化对水量的影响方面,限于问题的复杂性,气候变化对河流生态、水质及极端水文事件等方面的定量影响研究相对较少。根据不同的气候模式模拟结果,预计到 21 世纪中叶,在高纬度地区和湿热地区年径流量将增加 10%~40%;在中纬度地区的干旱年份,径流量将减少 10%~30%(IPCC,2007),这些地区将面临严重的用水安全问题。未来干旱影响区的范围将进一步扩大。但同时,暴雨发生频率增加,洪涝风险增大,全球冰川和雪盖储水量进一步减少。

值得注意的是,目前对未来气候情景的预测还存在很大的不确定性,总体看来,对气温的预测较为可靠,但对未来降水和径流量的变化还不能作出可靠的预测。因而包括 IPCC 在内的国内外相关机构及科学家关于未来气候变化预测的结果,虽然提供了一些重要的气候变化信息和线索,但不确定性很大,气候变化的不确定性(包含气候自然波动)、基础资料的不确定性、评价模型的不确定性都是未来水资源评价结果不确定性的根源(王国庆等,2008)。

1.3 淮河流域气候变化与径流量研究进展

1.3.1 淮河流域气候变化研究

淮河流域地处我国南北分界线,干流全长约 1 000 km,流域面积约为 27 万 km²,跨豫、皖、苏、鲁、鄂五省 40 个地(市)181 个县(市),人口约 1.65 亿。流域耕地面积约 13.33 万 km²,人口密度约 611 人／km²,是全国平均人口密度的 4.8 倍,支撑着中国人口最密集地区的水分和能量资源,在我国的社会发展过程中具有极其重要的意义。大尺度的环流及水汽输送背景对淮河流域的气候特征存在非常显著的影响,是我国气候变化的"敏感区",气候灾害频繁发生,制约干旱与洪涝灾害的复杂天气气候作用在这里得到比较集中的体现。

淮河是我国一条重要的自然地理界线,淮河流域介于长江和黄河两大流域之间,对于该流域气候变化方面的研究,多以整个江淮地区(田红,2005)或者对淮河流域单个气候现象(如梅雨)等的研究为主(徐群等,2007;王慧等,2002)。如田红(2005)利用近 50 年气温和降水资料,从平均值和变率两方面研究江淮流域的气候变化,结果表明:①近 50 年来江淮流域气候变化的主要特征是气候变暖,与全国变暖的趋势一致,降水呈不显著的增长趋势。温度和降水由低基本态向高基本态过渡,目前均处于高气候基本态下。②无论是温度还是降水,其变率随时间而变,目前均处于高气候变率时段,要注意高基本态和高气候变率结合易导致的高温、洪涝等极端气候事件。③温度在 1986 年前后发生了一次突变,降水在 1968 年前后发生了一次突变。无论是温度还是降水,突变后均比突变前有所增加。根据突变分析可将江淮流域近 50 年气候变化过程划分为相对冷干阶段(20 世纪 50—60 年代)—相对冷湿阶段(20 世纪 70—80 年代)—相对暖湿阶段(20 世纪 90 年代至今)。

对淮河流域未来情景的研究较少(高歌等,2008),高歌等人(2008)主要是根据多模式结果分析 2011—2040 年降水、温度变化,得出未来 2011—2040 年,各模式及不同排放情景下,淮河流域年平均气温均较 1961—1990年呈现增加趋势,表明气候将变暖。UKMO、MRI、MPI3 模式月平均气温变化幅度表明,2011—2040 年,B1 情景下的各月气温变化在 0.3 ℃~1.0 ℃,8月、11 月增温幅度大;A1B 情景下的各月气温变化在 0.6 ℃~1.2 ℃,较大增幅出现在 1 月、8 月、10 月、11 月,均超过 1 ℃;A2 情景下的各月气温变化在 0.7 ℃~0.9 ℃。年降水量,2011—2040 年相对 1961—1990 年有不同程度的增加,增幅为 1%~10%,其中,UKMO-A1B 情景下增加最多,有 89.2 mm;其余四个试验,有不超过 5 % 的减幅,其中 GFDL-A2 减少最多,有 44.2mm。由多种情况下降水量变化结果平均来看,未来时期年降水量增加。

1.3.2 淮河径流量研究

淮河发源于河南省南部的桐柏县境内，干流全长约 1 000 km，总落差 196 m，具有流程短、落差大、降水下泄快、汇流时间短等特点(许炯心,1992; 王栋,2005)。同时,由于地处东亚季风湿润区与半湿润区的气候过渡区域,是南北气候、中低纬度和海陆相三种过渡带的重叠地区,天气系统复杂多变,形成了淮河流域"无降水旱,有降水涝,强降水洪"的典型区域旱涝特征,1949—2009 年间发生 11 次大洪水和 13 次大旱, 旱涝灾害成为淮河流域主要自然灾害(赵勇等,2008)。淮河流域的旱涝一直为诸多学者重视(竺可桢,1979;涂长望,1950;王绍武,1979;丁一汇,1991;康志明等,2003;于淑秋等,2006)。随着全球气候变化和人类活动干扰,淮河流域干旱、洪涝灾害致灾因子, 孕灾环境和承灾体情势及其相互关系发生了深刻变化,这些都对淮河径流量产生了深刻的影响(谢平等,2009)。20 世纪后期,由于人类不合理的开发利用,毁林开荒,导致淮河上游植被等遭受极大破坏,而陆面植被状况与水的关系极为密切,植被可增强局地水分小循环而减弱区域水文大循环,森林植被的减少改变了水文循环的方向与速率,影响到河道汇流量及汇流时间等,随着流域滞水能力的降低,汇流速度加快,洪水波形更容易受到短时间高降雨强度的影响,使洪水波形比流域开发前尖陡,洪峰流量明显增加(程晓陶等,1994)。淮河流域近年来大力开展退耕还林工作,生态环境有所改善,水土保持能改变流域产汇流的下垫面,通过森林植被的林冠截留,枯枝落叶层和水土保持工程措施的拦蓄,增加土壤入渗,减少地表径流,削减洪峰流量,延长汇流时间,起到防洪减灾效果(Lahmer *et al*,2001; Naef *et al*,2002;何长高等,2006;万荣荣等,2008)

对于淮河流域径流的研究,汪跃军(2007)通过对蚌埠水文站 85 年年径流量序列的多时间尺度分析, 探讨淮河干流径流演变的近似周期性,识别淮河径流变化规律。小波分析表明:蚌埠水文站年径流序列主要存在四个尺度的周期变化,不同时间尺度下周期信号的强弱在时频域中的分布具有较强的局部特征,其中,9 年、17 年尺度的周期变化起主导作用。马跃先(2008)以淮河流域干江河 1954—2001 年径流时间序列为研究对象,采用数理统计和混沌分形结合的方法, 揭示干江河年径流演变特征及物理成因,结果表明:年径流量存在不太显著的减少趋势;径流演变存在两次明显的突变,即 1957 年和 1985 年。汪美华等(2003)运用多元回归方法,建立有关气候—径流深的数学模型,并用该模型预测在未来气候变化的 15 种可能情景下淮河三个代表子流域径流深的变化。结果表明,年径流深随年降水量的增加而增加,随年平均温度的升高而减少,不同流域对各种气候变化的响应存在着明显的差异,反映出整个淮河流域不同自然地理条件的影响:不同季节的径流深对各种气候变化的响应也存在明显的差异,体现了季风气候对径流的影响。文章还特别关注了暖干天气组合下径流深的变化,提出这种极端气候情景对工农业生产和国民经济建设有着严重的负面影响。

1.4　研究思路及主要内容

1.4.1　研究目的和意义

由以上回顾可知,尽管诸多学者在气候变化及其对径流量影响方面已经做了大量研究,但针对淮河流域的气候变化及径流影响研究,仍存在许多问题,需要进一步深入研究。

1.4.1.1　淮河流域独特气候变化响应研究

淮河流域因地处南北分界线、东部季风区,大尺度环流及水汽输送背景对该地区的气候特征存在显著影响,是气候变化敏感区,气象灾害频发。以往研究尚未有以淮河流域整体为研究对象,详细分析其观测气候变化事实的报道,淮河流域未来气候变化情景的研究亦将为应对和减缓流域未来气候变化影响提供基础。

1.4.1.2　气候变化对径流的影响

侧重观测事实及未来情景分析,以及不确定性研究。水是大气环流和水文循环中的重要因素,是全球气候变化最直接和最重要的影响领域,未来气候变化背景下,淮河径流的流量发生何种变化,其洪旱周期是否会发生变化,发生何种变化等都是值得关注的问题。

1.4.1.3　人类活动对径流量影响的定量研究

不仅气候变化对径流量产生影响,人类活动等也会对径流量产生一定的影响，如城市化等导致土地利用方式的改变可能会加大洪峰流量等问题。通过选择淮河流域的典型子流域，定量化的研究人类活动改变的土地利用方式对径流量的影响。

因此，本书以淮河流域为研究区，探究淮河流域对全球气候变化的响应关系，通过观测数据分析气候变化对淮河径流量的影响，设置不同的未来气候变化情景，分析径流量变化趋势，并定量化研究人类活动对径流量的影响。

1.4.2　研究内容

本书将淮河流域作为研究区，分析淮河流域气候水文要素变化及其影响等内容，全书共分 8 章，具体安排如下：

第 1 章，绪论。概括总结相关领域的国内外研究进展，提出本书研究的主要科学问题及研究的目的和意义，并简要介绍本书的内容安排。

第 2 章，研究区概况、研究数据与方法。介绍淮河流域自然地理、社会经济概况；并对本书研究的数据资料来源、研究方法等做全面的阐述。

第 3 章，气候变化和径流量变化观测事实。以 1958—2007 年的近 50 年来气象、水文数据分析为基础，分析淮河流域气候变化和径流量变化观测事实的平均态变化和极端事件。

第 4 章，水文模拟效果比较分析。对研究过程中使用的水文模型建立过程进行描述，寻找适用于表达淮河流域降水径流关系的水文模型，并比较各水文模型之间的异同点。

第 5 章，未来气候变化与径流预估。以三个气候模式数据比较其在淮河流域的适应性，选取适用于淮河流域的气候模式，分析未来 2011—2060 年气温、降水的变化趋势，并输入到水文模型中研究未来气候变化情景下淮河径流量的变化。

第 6 章，人类活动的水文效应分析。以淮河上游长台关地区为例，分析人类活动导致的土地利用的变化对径流的影响，分析人类活动的水文效应。

第 7 章，气候水文要素研究的不确定性问题讨论。从观测台站数据、预估数据、水文模型、DEM 空间分辨率等角度，分析气候水文要素研究存在的不确定性问题。

第 8 章,结论与讨论。总结主要研究结论,归纳本研究的创新之处,展望未来研究工作方向。

1.4.3 技术路线

根据以上分析,确定本书的研究思路:收集淮河流域土地利用数据、土壤数据、DEM 数据、水文数据、气象观测数据和气候情景数据基础;首先,分析气象观测数据、水文观测数据、近 50 年气象水文要素平均态的变化和极端事件;其次,比较经验统计模型 ANN 模型、分布式水文模型 HBV 模型和SWIM 模型对淮河流域降水径流关系的模拟,选取适合研究区的水文模型;再次,利用全球气候模式数据并结合气象观测数据进行降尺度处理,获取研究区高时空分辨率的未来气候变化数据并分析未来 50 年淮河流域气候变化,并将未来气候变化数据输入流域水文模型获取未来情景下淮河径流量变化情况;最后,结合土地利用数据和水文模型,定量化分析人类活动对径流量的影响,并分析研究过程中存在的不确定性问题。

本书总体研究思路路线图如图 1-1 所示。

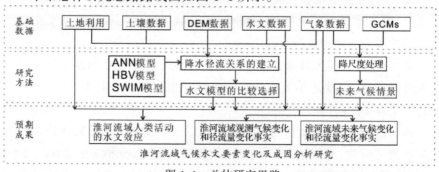

图 1-1　总体研究思路

1.5　小　结

本章为全书的序言部分,概括性地提出了本书的研究背景与意义,系统阐述了气候变化及气候变化对径流影响的研究进展以及淮河流域开展的相关工作和成果,探讨了淮河流域在此方面研究的不足,提出了本书的研究思路、技术路线和基本框架结构等。

2 研究区概况、研究数据与方法

本章主要介绍淮河流域自然地理、社会经济概况,并对本书研究的数据资料来源、研究方法等做全面的阐述。

2.1 研究区概况

2.1.1 地理位置和地形

淮河流域地处我国东部,介于长江和黄河两流域之间,位于东经 111°55' ~ 121°25',北纬 30°55' ~ 36°36',面积约为 27 万 km²。流域西起桐柏山、伏牛山,东临黄海,南以大别山、江淮丘陵、通扬运河及如泰运河南堤与长江分界,北以黄河南堤和泰山为界与黄河流域毗邻。淮河流域气象、水文站点及流域分区如图 2-1。

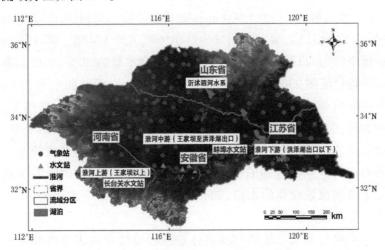

图 2-1 淮河流域气象、水文站点及流域分区

淮河流域西部、西南部和东北部为丘陵区、山区,约占总面积的三分之

一,其余地区为平原区,约占总面积的三分之二。流域西部的伏牛山、桐柏山区,一般高程为 200 m~500 m(85 黄海高程,后同),沙颍河上游石人山高约 2 153 m,为全流域的最高峰;南部大别山区高程为 300 m~1 774 m;东北部沂蒙山区高程为 200 m~1 155 m。丘陵区主要分布在山区的延伸部分,高程一般为 100 m~200 m。淮河干流以北为广大洪积—冲积平原,地面自西北向东南倾斜,高程一般为 15 m~50 m;淮河下游苏北平原高程为 2 m~10 m;南四湖湖西为黄泛平原,高程为 30 m~50 m。流域内除山区、丘陵和平原外,还有为数众多、星罗棋布的湖泊、洼地。

淮河是我国南北方的一条自然分界线。淮河流域地处我国南北气候过渡带,淮河以南属北亚热带区,淮河以北属暖温带区。

2.1.2 气象水文

淮河流域年平均气温为 11 ℃~16 ℃。极端最高气温达 44.5 ℃,极端最低气温为 -24.1 ℃。蒸发量南小北大,年平均水面蒸发量为 900 mm~1 500 mm,无霜期为 200~240 天。淮河流域多年平均降水量约为 888 mm,其中,淮河水系 910 mm,沂沭泗水系 836 mm。淮河流域内有三个降水量高值区:一是大别山区,超过 1 400 mm;二是伏牛山区,年平均降水量为 1 000 mm 以上;三是下游近海区,大于 1 000 mm;流域北部降水量最少,低于 700 mm。降水量年际变化较大,最大年雨量为最小年雨量的 3~4 倍。降水量的年内分配也极不均匀,汛期(6—9 月)降水量占年降水量的 50%~80%。淮河流域多年平均径流深 230 mm,其中,淮河水系 237 mm,沂沭泗水系 215 mm。

淮河流域产生暴雨的天气系统为台风(包括台风倒槽)、涡切变、南北向切变和冷式切变线,以前两种居多,在雨季前期,主要是涡切变型,后期则多以台风为主,切变线和低涡接连出现易形成大范围持久性降水。流域六七月份以持久性大范围的梅雨天气为主,梅雨期长短、雨量的多寡基本上决定了淮河流域全年的水情,如在 1931 年、1954 年因梅雨期长、雨量多形成了全流域性大洪水。

暴雨走向与天气系统的移动大体一致,冷峰暴雨多自西北向东南移动,低涡暴雨通常自西南向东北移动,随着南北气流交绥,切变线或锋面作南北向、东南—西北向摆动,暴雨中心也作相应移动。例如,1954 年 7 月几次大暴雨都是由低涡切变线造成的,暴雨首先出现在淮河以南山区,然后向西北方向推进至洪汝河、沙颍河流域,再折向东移至淮北地区,最后在苏北地区消失,一次降水过程就遍及淮河全流域。由于暴雨移动方向接近河流方向,使得淮河流域容易发生洪涝灾害。

淮河流域以废黄河为界,分淮河及沂沭泗河两大水系,流域面积分别约为 19 万 km² 和 8 万 km²,有京杭大运河、淮沭新河和徐洪河贯通其间。淮河发源于河南省桐柏山,干流东流经豫、皖、苏三省,在三江营入长江,全长约 1 000 km,总落差约 200 m。洪河口以上为上游,长约 360 km,地面落差约 178 m,流域面积约 3.06 万 km²,因而淮河上游地区流程短、落差大,造成中游地区常常不能及时下泄洪水,形成洪涝灾害;洪河口以下至洪泽湖出口中渡为中游,长约 490 km,地面落差约 16 m,中渡以上流域面积约 15.80万 km²;中渡以下至三江营为下游入江水道,长约 150 km,地面落差约 6 m,三江营以上流域面积约 16.46 万 km²。

淮河上中游支流众多。南岸支流发源于大别山区及江淮丘陵区,源短流急,有白露河、史灌河、淠河、东淝河、池河;北岸支流主要有洪汝河、沙颍河、西淝河、涡河、漴潼河、新汴河、奎濉河;淮河下游里运河以东,有射阳港、黄沙港、新洋港、斗龙港等滨海河道,承泄里下河及滨海地区的雨水,洪泽湖的排水出路,除入江水道以外,还有苏北灌溉总渠等。

沂沭泗河水系位于淮河流域东北部,大都属苏、鲁两省,由沂河、沭河、泗河组成,多发源于沂蒙山区。泗河流经南四湖,汇集蒙山西部及湖西平原各支流后,经韩庄运河、中运河、骆马湖、新沂河于灌河口燕尾港入海。沂河、沭河自沂蒙山区平行南下,沂河流至山东省临沂市进入中下游平原,在江苏省邳县入骆马湖,由新沂河入海。在刘家道口和江风口有"分沂入沭"和邳苍分洪道,分别分沂河洪水入沭河和中运河。沭河在大官庄分新、老沭河,老沭河南流至新沂县入新沂河,新沭河东流经石梁河水库,至临洪口入海。

2.1.3 自然资源

淮河流域矿产资源丰富,以煤炭资源最多,初步探明的煤炭储量有 700多亿吨,矿区主要集中在安徽的淮南、淮北和河南西部、山东西南部、江苏西北部等,目前煤炭产量约占全国的八分之一。流域内火力发电比较发达,大型坑口电站正在兴建,是长江三角洲和华中等经济区的重要能源基地。江苏北部沿海地区素为我国重要盐产区,流域内江苏北部、淮南、河南西部等又先后发现多处大型盐矿,可供大量开采。

淮河流域内河渠纵横,库塘众多,湖泊洼地星罗棋布,水域广阔,鱼类资源丰富,约有 1.3 万 km² 水面,100 多种鱼类,是我国重要的淡水渔区。

淮河流域有 9 万 km² 的山丘区,资源丰富,雨量充沛,宜农宜牧,宜林宜果,还蕴藏有一定的水力资源,是发展多种经营的好地方。砂石竹木等建筑材料储量大、品种多,是重要经济优势之一。

2.1.4　自然灾害

由于历史上黄河长期夺淮使淮河入海无路、入江不畅,加上特定的气候和下垫面条件,淮河流域洪、涝、旱、风暴潮灾害频繁,一年之内经常出现旱涝交替或南涝北旱现象。淮河中下游和淮北地区经常出现因洪致涝、洪涝并发等情况,在淮河下游地区还极易遭遇江淮并涨、淮沂并发、洪水风暴潮并袭等严重局面。

1593 年洪水可能是有记载以来淮河流域最严重的一次洪水灾害。该年自农历三月至八月连续降雨,大暴雨 10 余次,7 月下旬又降特大暴雨。大雨自三月至八月,黑风四塞,雨若悬盆,鱼游城阁,舟行树梢,连发十有三次。水自西北来,奔腾澎湃,顷刻百余里,陆地丈许,庐舍田禾漂没罄尽,男妇婴儿,牛畜雉兔,累挂树间。淮浸高家堰堤上且数尺,决高良涧至七十余丈,南奔之势若倒海。徐州至扬州间,方数千里,滔天大水,庐舍禾稼,荡然无遗。洪水遍及流域四省,据各地文献记载,人员伤亡和土地城镇淹没的惨烈情形均为历史罕见。沂沭泗水系 1730 年大水,豫、鲁、苏三省严重受灾(据分析为 500 年来最大)。

黄河北徙以来的 140 多年中,淮河流域最大洪水年份有 1866 年、1931 年、1954 年等三年。从历史记载看,1866 年洪水,江淮并涨,57 个县受灾,其中,淮河有 20 个县受灾,是近百年来最严重的。自 1901 年到 1948 年的 48 年中, 全流域共发生 42 次水灾。最突出的大灾有 1916 年、1921 年和 1931 年三次。1931 年 7 月流域内普降暴雨,河水陡涨,豫、皖两省沿淮堤防漫决 60 余处,"麦收三成秋无收,濒淮各县成泽国",大片地区洪水漫流,"庐舍为墟","遍地尸漂"。安徽境内被淹没农田 1.40 万 km²,蚌埠、寿县、五河等城镇均被洪水淹没,死亡人数 2.39 万人。洪泽湖最高水位达 16.06 m,运河堤溃决,从淮阴到扬州,纵横三四百里,一片汪洋。仅里下河地区即淹没耕地约 0.89 万 km²,倒塌房屋 213 万间,灾民 350 万,淹死、饿死 7.7 万人。豫、皖、苏三省合计受灾总面积约 5.13 万 km²,灾民近 2 000 万。 1954 年是新中国成立后淮河水系最大洪水年,淮河干流正阳关洪峰流量达 12 700 m³/s,洪泽湖三河闸泄量约 10 700 m³/s,有近 300 万人投入抗洪斗争,全流域总计被淹耕地达 4.31 万 km²。

据历史资料,淮河从 16 世纪至新中国成立后 50 年,共发生旱灾 260 多次,旱灾出现的频次为 1.7 年发生一次。历史上淮河为我国旱灾最频繁的地区之一。1924 年、1942 年大旱,淮河"赤地千里,饿殍载道"。

新中国成立后,淮河旱灾亦频繁发生(但灾情显著减轻),1950—2009 年的 60 年中,淮河先后出现了 1959 年、1961 年、1962 年、1966 年、1976 年、1978 年、1986 年、1988 年、1991 年、1992 年、1994 年、1997 年、2003 年、2009 年等 14 个大旱年份(大旱出现的频次为 4 年出现一次)。 淮河 1991—1998 年旱灾年均成灾农田约 2.07 万 km²,占全流域耕地面积的 16%,较淮河 20 世纪 80 年代旱灾成灾农田占耕地面积比重高 3 个百分点,较 20 世纪 50 年代、60 年代、70 年代旱灾成灾农田占耕地比重高 8~9 个百分点。淮河旱灾呈逐年加剧的趋势,且旱灾重于水灾。旱灾已成为淮河的主要自然灾害。

2.1.5 水利工程

淮河是新中国成立后第一条有计划地全面治理的大河。在"蓄泄兼筹"的治淮方针指导下,经过近 50 年的不懈努力,全流域兴建了大量的水利工程,初步形成了一个比较完整的防洪、除涝、灌溉、供水等工程体系,大大改变了昔日"大雨大灾,小雨小灾,无雨旱灾"的面貌,已成为我国重要的粮棉油生产基地和重要的能源基地,交通也较发达,在我国现代化建设中具有重要的战略地位。

全流域共修建大、中、小型水库 5 700 多座,总库容近 270 亿 m³,并有水电装机近 30 万千瓦。其中,大型水库 36 座(淮河和沂沭泗河两水系各 18 座),控制流域面积达 3.45 万 km²,占全流域山丘区面积的三分之一,总库容 187 亿 m³,其中,兴利库容 74 亿 m³。

　　近年来对过去长期遭受黄河水淤积破坏的淮河干支流进行了普遍整治,提高了防洪除涝标准。淮河干流中游正阳关至洪泽湖的排洪能力,已由过去 5 000 m³/s~7 000 m³/s 扩大到接近 10 000 m³/s~13 000 m³/s(包括行洪区);洪泽湖以下开挖了苏北灌溉总渠和淮沭河,扩大了入江水道,排洪入江入海能力由 8 000 m³/s 提高到 13 000 m³/s~16 000 m³/s,并且于 1998 年开始实施入海水道工程。沂沭泗河水系下游开挖了新沭河和新沂河,排洪入海能力由不到 1 000 m³/s 扩大到近 12 000 m³/s,且沂河洪水已能就近东调入海。

　　淮河干流自淮凤集至洪泽湖间,沿淮有一连串的湖泊洼地,面积共约 4 000 多 km²,是历史上上中游洪水行滞的场所。新中国成立后这些地方被开辟为行、蓄洪区,成为淮河防洪工程体系的重要组成部分。沿淮现有寿西湖、汤渔湖、荆山湖等 18 处行洪区和蒙洼、城西湖等 4 处蓄洪区,行洪区可分泄淮河设计流量的 20%~40%,4 个蓄洪区总库容约占正阳关百年一遇 30 天洪量的 20%。此外,在沙颍河、洪汝河、奎濉河和中运河上还有 6 个滞(蓄)洪区,它们是:泥河洼、杨庄、老王坡、蛟停湖、老汪湖和黄墩湖。为保证行、蓄洪区使用时群众生命财产的安全,20 世纪 90 年代以来加大了安全建设力度,包括修建庄台、保庄圩、避洪楼、撤退道路和通信预警系统等。

2.1.6　社会经济

　　淮河流域包括湖北、河南、安徽、山东、江苏五省 40 个地(市)181 个县(市),总人口约 1.65 亿人,平均人口密度为 611 人 /km²,是全国平均人口密度 122 人 /km² 的 4.8 倍,居各大江大河流域人口密度之首。

　　淮河流域耕地面积约 13.33 万 km²,2004 年粮食产量为 1 602 亿斤,占全国粮食总产量的 17%,主要作物有小麦、水稻、玉米、薯类、大豆、棉花和油菜。淮河流域在我国农业生产中占有举足轻重的地位。

　　淮河流域工业以煤炭、电力工业及以农副产品为原料的食品、轻纺工业为主。目前已建成淮南、淮北、平顶山、徐州、兖州、枣庄等国家大型煤炭生产基地,产煤量占全国产煤量的八分之一,是我国黄河以南最大的煤炭产区。流域内现有火电装机近 2 000 万千瓦。近 10 多年来,煤化工、建材、电力、机械制造等轻重工业也有了较大发展,郑州、徐州、连云港、淮南、蚌埠、济宁等一批大中型工业城市已经崛起。

淮河流域交通发达。京沪(北京—上海)、京九(北京—九龙)、京广(北京—广州)三条南北铁路大动脉从本流域东、中、西部通过;著名的欧亚大陆桥——陇海铁路横贯流域北部;还有晋煤南运的主要铁路干线新石(新乡—石臼)铁路,以及宁西(南京—西安)铁路、蚌合(蚌埠—合肥)铁路、新长(新沂—长兴)铁路等。内河航运有年货运量居全国第二的南北向的京杭大运河,有东西向的淮河干流,平原各支流及下游水网区内河航运也很发达。连云港、石臼等大型海运码头可直达全国沿海港口。京沪(北京—上海)高速、京港澳(北京—港澳)高速等高等级公路在流域内穿过,公路交通线四通八达。

淮河流域沿海还有近 0.67 万 km² 滩涂可资开垦。流域年平均水资源量为 854 亿 m³,其中,地表水资源量为 621 亿 m³,浅层地下水资源量为 374 亿 m³,干旱之年还可北引黄河,南引长江补源。境内日照时间长,光热资源充足,气候温和,发展农业条件优越,是国家重要的商品粮棉油基地。

2.2 研究数据

2.2.1 数据来源

本书收集了由中国气象局(China Administration of Meteorology,CMA)整编的 176 个高密度气象站点(站点位置见图 2-1)的自 1958 年至 2007 年的逐日气象资料,具体包括:日平均气温、日最高和最低气温、日平均大气压、日照时数、日平均风速、日平均相对湿度、降水量、小型蒸发皿蒸发量等常规要素,数据由中国气象局国家气象信息中心气候资料室提供。气象站点在淮河流域空间分布相对较为均匀,能够较好地反映各气象要素的空间分布特征。

淮河中上游干流径流变化分析选用控制站蚌埠水文站的逐日径流数据,站点位置见图 2-1。序列长度为蚌埠水文站 1958.01—2007.12,由淮河水利委员会水文局提供。蚌埠水文站是淮河干流中游重要的控制站,控制流域面积 12.1 万 km²,超过全流域的三分之一,多年平均径流量为 305 亿 m³,径流量年内分配不均,年际变化较大。

预估数据采用的模式为德国马普气象研究所提供的海—气耦合模式(ECHAM5/ MPI-OM),美国大气研究中心(National Center for Atmospheric Research,NCAR)的气候模式(Community Climate Model)第 3 版 CCM,澳大利亚全球海—气耦合模式(CSIRO_MK3)。

德国马普气象研究所提供的由海—气耦合模式 ECHAM5/ MPI-OM(Roeckner et al,2003)计算的 2011—2060 年逐月气温和降水,用于分析淮河流域未来气候要素变化趋势。ECHAM 模式是 IPCC 历次评估报告采用的大气环流模式之一, 其中,ECHAM5 是为 2007 年 IPCC 第四次报告而改进的最新一代。它在水循环方面的改进主要包括:提高地形分辨率(0.5° × 0.5°),新增代表性陆面过程,添加 5 个温度层土壤数据,以及基于土壤图的属性数据等。ECHAM5 耦合嵌套最新海冰模块的海洋模式(Max-Planck Institute Ocean Model:MPI-OM1)采用了移动坐标投影点的曲线正交网格,两个坐标投影点一个位于格陵兰岛,一个位于南极。通过这样的设计,达到了在北大西洋深层水生成区进行网格加密的目的,以通过较高的分辨率来细致地刻画深层水的形成,海洋模式水平网格精度为 15 km~184 km,平均精度 1.5°(经度)× 1.5°(纬度),垂直分 40 层。大气模式采用 T63 的网格,水平网格分辨率为 1.875°(经度)× 1.875°(纬度),垂直分 31 层,此耦合模式没有通量修正,这是此模式优点之一。ECHAM5 与以前应用比较广泛的 ECHAM4 相比, 主要的改进是更新了可预报的气溶胶模块,对云覆盖重新进行了参数化过程,同时对云里面的冰和水进行了不同的过程处理,大大提高了对降雨过程的模拟;同时对陆面过程的参数化过程进行了改进,引入了新的植被覆盖率、叶面积指数和森林覆盖率(Roeckner et al, 2003)。

美国大气研究中心(NCAR)的气候模式第 3 版 CCM,主模式 CCM3 是 NCAR 的公用气候模式发展的最新版本, 在 CCM2 的基础上主要对辐射传输、边界层过程、陆面过程、海洋海冰、重力波阻等五个方面进行了改进。模式的水平分辨率为 T42(相当于 2.8°经度 × 2.8°纬度),垂直方向上为 18 层,其中,下面的 12 层在对流层内,另外的 6 层在平流层及以上(最上面的五层是在等压面上），这种垂直坐标特别加强了近地面及对流层顶以上的垂直分辨率。模式中海水表面温度（SST）及海冰分布采用气候月平均值且在每个月的月中更新一次，亦可使用实际的月平均或周平均海温资料以进行AMIP式模拟。地表的温度则由地表能量平衡方程式对土壤、雪地及海冰做计算预报。

一般谱模式由于截断误差的关系，会让全为正的场（如水汽与地形等）产生负值（Gibbs phenomenon），这是不合理的。因此，为了消除这些虚有的值，NCAR 在 CCM1 上使用正值水汽修正方法，这种人为的水汽输送／调节过程影响整个模式的运转，尤其是在水汽负值频繁的地区，如沙漠等，这将造成模式的云及降水在这些地区有极大的误差，因此，自 CCM2 起，为了避免上述的误差，改用 semi- Lagrangian 法来传送水汽、云水滴及化学物质等（Williamson *et al*, 1994）。

澳大利亚 CSIRO_MK3 是一个复杂的包括有大气、海洋、海冰和生物等多个部分的全球模式。其大气部分的水平分辨率大约为 1.875°（经度）×1.875°（纬度），垂直方向层数为 9 层。地表作用以土壤—冠层（Soil-canopy）模式进行了参数化。土壤湿度分为 2 层、土壤温度分为 3 层考虑。海洋模式（GFDL）采用通量调整方式与大气模式耦合，垂直方向上分 12 层，深度从表层的 25 m 到下层的 900 m。海冰模式包含有动力和热力部分。在已进行的温室效应"瞬时"（transient）试验中，模式从一个相当于 1881 年的初始时刻开始积分，其中的 CO_2 采用实测值，1990 年后，将模式中 CO_2 按每年约1%的速度增加，继续积分到 CO_2 加倍（大约在 2070 年左右）。

预估数据采用 IPCC 提出的三种排放情景：SRES-A2（高排放，经济、技术发展以地域为主导，因此显得不协调，人口持续增加，各区域强调自力更生和保持本土特征，2100 年二氧化碳含量等效水平达 1 250 ppm）；SRES-A1B（中排放，经济迅速增长，世界人口在 21 世纪中叶达到最高峰，然后下降，化石燃料与非化石燃料的用量比例达至平衡，2100 年二氧化碳含量等效水平约为 850 ppm）；SRES-B1（低排放，强调环境可持续开发的全球共同发展情景，世界迅速转向服务型和资讯型经济，世界人口趋势同A1B，迈向社会经济、环境可持续发展的全球性方案受到重视，2100 年二氧化碳含量等效水平约为 600 ppm）（Gao *et al*, 2009）。

淮河流域径流量的研究中涉及水文模型的输入数据：DEM 数据为 90 米分辨率的 SRTM 数据；土地利用数据选取中国科学院资源环境科学数据中心提供的 1980 年、1995 年和 2000 年 3 期研究区 1:10 万土地利用数据；土壤数据来源于联合国粮农组织（FAO）的全球土壤数据库。

2.2.2 数据质量控制

中国气象局公布的气象数据已通过数据均一性检验等基本数据质量控制，因此，本书中对我国标准气象站的气象观测要素，根据 Feng (Feng *et al*, 2004)采用的方法进行数据质量控制。具体的数据质量控制项目主要包括日气象数据高低异常值的检验、时间异常值的检验以及缺失值的处理。

2.2.2.1 高低异常值的检验

高低异常值的检验针对气象观测日数据进行，具体地说，首先根据一定方法计算气象要素的日最大及最小可能值，并将超出这一范围的观测数据认定为异常值。由于这类数据相对较为隐蔽，往往能够通过我国气象资料的质量控制，但是仍会对分析结果造成影响，因此，需要进行检验、剔除。

对日极端气温，采用 Kubecka (2001)及 Gleason (2002)等提出的方法；极端降水亦采用 Gleason (2002)提出的方法；风速异常值的检验采用 Meek 及 Hatfield (Meek *et al*, 1994)的方法进行。最后，对日照时数，首先将负值认定为异常值，重新设置为 0，极大值 N 根据 Allen (1994)的方法确定。

2.2.2.2 时间异常值检验

时间异常值检验主要针对气象要素时间序列的连续性问题，具体包括以下两大类：①数据值通过了序列的异常值检验，但某数据点显著高于或低于临近时刻的数据；②该数据与下一时刻数据之间的变化量显著高于前一个时段的，采用 Lanzante (1996)的双权重均值及双权重方差分析方法处理。未能通过异常值检验的数据，被设定为缺失值，覆盖原始数据。

2.2.2.3 空间异常值

对某站点 S 日数据与其距离最近的 10 个站点的同日数据之间，计算其相关系数 R，R 的阈值设定为 95% 置信水平。具有正 R 的站点被挑选出与站点 A 建立线性回归方程，同时计算其均方差（RMSE）。若周围有超过 5 个站点与站点 A 具有显著相关关系，则选择 RMSE 最小的 5 个站点建立回

归方程。对站点 A 的某日数据 V_i，根据下式（Hubbard，2001）设定其异常值
范围为：

$$VF_{ij} - F \times RMSE_j < V_i < VF_{ij} + F \times RMSE_j \qquad (2-1)$$

式中：j=1、2……N，为临近站点数目；i=1、2……N，为日数，N 为当月天
数；V_i 为站点 A 第 i 日数据；VF_{ij} 为站点 j 第 i 日回归方程的拟合值；F 为置
信水平阈值，本研究设定 F=5。未通过检验的数据被设定为缺测。

2.2.2.4 缺失值处理

大量统计方法对缺失值的处理提出了解决办法（Eischeid et al，2000）。
本书对实际缺测值以及未通过上述检验而设置的缺测值，采用下式
（Hubbard，2001）进行估计：

$$vei = \sum_{j=1}^{N} [VF_{ij} \times RMSE_j^{-2}] / \sum_{j=1}^{N} RMSE_j^{-2} \qquad (2-2)$$

式中，Vei 为估计值，其他变量与式（2-1）相同。另外，对于连续缺测时
间超过 2 个月的数据，不进行缺测值的估计。

2.3　研究方法

2.3.1　统计方法

2.3.1.1　趋势诊断方法

目前常用的气候水文变化趋势分析方法有线性回归、距平累积、滑动
平均、二次平滑、三次样条函数，以及 Mann-Kendall 秩次相关法和 Spearman
秩次相关检验法等。在水文气象时间序列中，由于可能存在非正态分布的
数据，因此通常使用非参数检验方法。本书中，采用多种方法相结合的途径
对气候水文要素情势的变化进行诊断分析。

（1）线性回归法

线性回归法通过建立时间序列与相应的时序 i 之间的线性回归方程来
检验时间序列变化的趋势性，是目前趋势分析中最为简便的方法。该方法
可以给出时间序列是否具有增减的趋势，并且线性方程的斜率在一定程度
上代表了序列平均趋势的变化率，但无法判定序列的趋势性是否显著。回

归方程为：

$$x_j = a \cdot i + b \qquad\qquad (2\text{-}3)$$

式中，x_j 为时间序列，i 为时序，a 为回归方程斜率，b 为截距。

（2）Mann-Kendall 秩次相关检验法

Mann-Kendall 秩次相关检验法是一种非参数检验方法。非参数检验法的优点是不需要满足样本服从某一分布的假定，因而也称为无分布检验。该方法不易受到少数异常值的干扰，计算方法也较为简便，可以明确突变发生的时间，是一种常用的突变检测方法。

对于有 n 个样本量的时间序列 x，构造一个秩序列：

$$S_k = \sum_{i=1}^{k} n \,(k = 2,3,4,...n) \qquad\qquad (2\text{-}4)$$

$$r_i = \begin{cases} +1 & \text{当} x_i > x_j \\ 0 & \text{否则} \end{cases} \quad (j = 1,2,...\,i) \qquad (2\text{-}5)$$

可见，秩次序列 r_i 是第 i 时刻数值大于 j 时刻数值个数的累计数。

在时间序列随机独立的假定下，定义统计量：

$$UF_k = [S_k - E(S_k)] / \sqrt{\mathrm{var}(S_k)}\,(k = 1,2,3,...n) \qquad (2\text{-}6)$$

其中，$UF_1=0$；$E(S_k)$ 和 $\mathrm{var}(S_k)$ 分别是累计数的均值和方差，在 $x_1, x_2 \cdots\cdots$ 相互独立，且具有相同的连续分布时，其计算公式为：

$$E(S_k) = n(n+1)/4 \qquad\qquad (2\text{-}7)$$

$$\mathrm{var}(S_k) = n(n-1)(2n+5)/72 \qquad\qquad (2\text{-}8)$$

UF_k 是按照时间序列 x 顺序（x_1、$x_2 \cdots\cdots$）计算出的统计量序列，为标准正态分布，在给定显著性水平下，查正态分布表，若 $|UF_k| > U\alpha$，则表明序列存在显著的趋势变化特征。

将时间序列逆序排列，即对 x_n、$x_{n-1} \cdots\cdots x_1$，再重复上述过程，使 $UB_k = -UF_k$，$k = n$、$n-1 \cdots\cdots 1$，$UB_1 = 0$。

给定显著性水平 $\alpha = 0.05$，查正态分布表，若 $|UF_k| > U\alpha = 1.96$，则表明序列存在明显的趋势变化，即序列存在明显的增长或减少趋势。所有的 UF_k 将组成一条曲线 UF，同样的方法引用到反序列中，得到另一条曲线 UB，将

统计量曲线 *UF*、*UB* 和 ±1.96 两条直线均绘在同一图件上,如果 *UF* 的值大于 0,则表明序列呈上升趋势,小于 0 则表明呈下降趋势。当它们超过临界直线时,表明上升或下降趋势显著。超过临界线的范围确定为出现突变的时间区域。如果 *UF* 和 *UB* 两条曲线出现交点,且交点在临界线之间,那么交点对应的时刻便是突变开始的时间(Su *et al*,2006)。

2.3.1.2 周期分析方法

淮河径流量变化的周期分析采用小波分析方法。小波分析法(Wavelet Analysis Method)是一种信号处理方法,相比于传统研究方法(如滑动平均法、Mann-Kendall 法、趋势回归检验等),它具有非常强大的多尺度分辨功能,能识别出水文序列中各种高低不同的频率成分,并且可借助其时频局部化优势准确找到时间序列的大小时间尺度(周期)和突变点所在位置(王文圣等,2005)。小波分析法最早由 Kumar 等(Kumar *et al*,1993)引入水文领域。此后,国内外水文学者连续开展了基于小波方法对水文系统多时间尺度、水文时间序列变化特征等方面的应用研究,并已取得了一定研究成果(刘俊萍等,2003)。

选用小波分析识别径流序列的趋势成分必须依靠尺度,不同尺度下的分解和低频重构序列即可表示径流在该尺度下的变化趋势(王文圣等,2005)。根据样本容量 N,最多可把序列分解成 $\log_2^N$ 个频率尺度级。选取的分辨率越高,随机成分去除的越多,趋势特征越显著(胡昌华等,2004)。周期分析中选用比较常用的复 Morlet 小波作为基小波,与实型小波相比,复数小波更能真实反映时间序列各尺度周期性大小及其在时域中的分布。复 Morlet 小波变换的模和实部是两个重要的变量,模的大小表示特征时间尺度信号的强弱,实部表示不同特征时间尺度信号在不同时间上的分布和位相两方面的信息(刘俊萍等,2003)。从小波系数的实部可以看出不同尺度下的丰枯相位结构,表明不同时间尺度所对应的径流丰枯变化。小尺度丰枯变化表现为嵌套在较大尺度下的较为复杂的丰枯结构。

本研究中径流周期分析研究数据均基于月尺度平均数据,为消除径流序列中季节变化及短期误差的干扰,首先对序列进行标准化处理:

$$R_{i,j} = \frac{(R_{i,j} - \overline{R_j})}{\sigma_j} \qquad (2-9)$$

式中，$R_{i,j}$为第i年第j月标准流量(m^3/s)；$R_{i,j}$为实测第i年第j月月平均径流量(m^3/s)；$\overline{R_j}$、σ_j分别为第j月月径流量的均值、均方差。由式(2-9)可得到标准化的月径流量序列$\{R_{i,j},j\}|N$，N为序列长度。$R_{i,j}>0$说明该月径流量高于该月平均值，反之说明低于该月平均值。

通过小波变换得到的是一个尺度—时间函数，若要从内部准确地对一些复杂过程进行解释，即判断哪个尺度的周期对径流序列的变化起主要作用，则需要借助小波方差进行小波分析检验。对于长度为n的离散时间序列，小波方差的计算公式为：

$$V(a) = \frac{1}{n} \sum_{j=1}^{n} W^2(a, x_j) \qquad (2-10)$$

式中，$V(a)$为尺度a、时间x_j处的小波系数平方的均值，复小波函数$W^2(a, x_j)$为系数模平方，小波方差的各个峰值分别对应显著周期(Bradshaw, 1992)。当小波系数达到最大时，与序列周期吻合最好。

2.3.1.3 空间插值分析

克里格方法(Kriging)又称空间局部插值法，是以变异函数理论和结构分析为基础，在有限区域内对区域化变量进行无偏最优估计的一种方法，是地统计学的主要内容之一。南非矿产工程师 D R Krige(1951)在寻找金矿时首次运用这种方法，法国著名统计学家 G Matheron 随后将该方法理论化、系统化，并命名为 Kriging，即克里格方法。

克里格方法的适用范围为区域化变量存在空间相关性，即如果变异函数和结构分析的结果表明区域化变量存在空间相关性，则可以利用克里格方法进行内插或外推；否则，是不可行的。其实质是利用区域化变量的原始数据和变异函数的结构特点，对未知样点进行线性无偏、最优估计。无偏是指偏差的数学期望为0，最优是指估计值与实际值之差的平方和最小。也就是说，克里格方法是根据未知样点有限邻域内的若干已知样本点数据，在考虑了样本点的形状、大小和空间方位，与未知样点的相互空间位置关系，以及变异函数提供的结构信息之后，对未知样点进行的一种线性无偏最优估计。

克里格方法与反距离权插值方法类似的是,两者都通过对已知样本点赋权重来求得未知样点的值,可统一表示为:

$$Z(x_0) = \sum_{i=1}^{n} \omega Z(x_i) \qquad (2\text{-}11)$$

式中,$Z(x_0)$ 为未知样点的值,$Z(x_i)$ 为未知样点周围的已知样本点的值,w 为第 i 个已知样本点对未知样点的权重,n 为已知样本点的个数。

不同的是,在赋权重时,反距离权插值方法只考虑已知样本点与未知样点的距离远近,而克里格方法不仅考虑距离,而且通过变异函数和结构分析,考虑了已知样本点的空间分布及与未知样点的空间方位关系(汤国安等,2006)。

2.3.2 水文模型方法

2.3.2.1 经验统计模型

这类模型根据同期径流、降水与气温的观测资料,建立三者之间的相互关系,以此推求降水与气温发生变化时的径流变化趋势。使用该方法作相关研究的代表学者是 Stockton(1979)和 Revelle(1983)等。经验统计模型也称为黑箱(系统)模型,将所研究的流域或区间视作一种动力系统,首先利用输入(一般指降雨量或上游干支流来水)与输出(一般指流域控制断面流量)资料,建立某种数学关系;然后根据新的输入推测输出。这种模型只关心模拟的精度,而不考虑输入—输出之间的物理因果关系。系统模型有线性和非线性,时变和时不变,以及单输入单输出、多输入单输出和多输入多输出等多种类型。其中,代表性的模型有:简单线性模型(SLM)、线性扰动模型(LPM)、约束线性系统模型(CLS)、线性可变增益因子模型(VGFLM)、Volterra 函数模型、多输入简单线性模型(MISLM)、多输入线性扰动模型(MILPM)、人工神经网络模型(ANN)等。本书使用人工神经网络模型。ANN是一种数据挖掘技术,"从数据中学习",即具有记忆功能,可以大大节省建模时间,非常适用于复杂多变、非线性的水文系统。ANN 模型应用于水科学时常采用反向传播学习算法(BP 算法)。BP 神经网络属于前馈神经网络,可以较好地应用于解决水科学中的分类、预测、拟合、辨识等问题,通常采用输入层、输出层和隐含层三层结构,层与层之间的神经元采用全互联的模式,通过相应的网络权系数相互联系,每层内的神经元没有连接,当参数适当时,此网络能收敛到较小的均方差(包红军,2009)。

2.3.2.2 分布式水文模型

分布式流域水文模型将一个流域划分成足够多的不嵌套的单元面积,以考虑流域下垫面条件客观上存在的空间分布不均匀性对水文循环的影响(郝振纯,2009)。在垂直方向上,将土壤分层,考虑水流在每个小单元体内的纵向运动。在水平方向上,考虑各个小单元之间水量的横向交换,依据流域产汇流特性,利用物理、水力学的微分方程(如连续方程和动量方程)求解径流的时空变化。考虑这种单元间的横向联系起因于径流流向的随机性和河网的连通性,而且正是这种联系直接决定着分布式模型的结构和复杂性。按单元模型结构,分布式水文模型可以分为以下两种类型:①紧密耦合型: 这类模型的主要特点是应用连续方程和运动方程来建立相邻网格单元或子流域之间的时间和空间联系,采用数值方法进行求解。这种模型即分布式水文物理模型,又称全分布式水文模型。SHE 模型及其变形就是属于这种类型。②松散耦合型:这类模型的主要特点是认为其中任一单元面积的降雨输入和下垫面条件都呈空间均匀分布,在每个单元网格或子流域上应用现有概念性集总式模型来分析每个单元面积的产汇流过程,然后再由各单元面积的分析结果确定整个流域的产汇流过程,再进行汇流演算,推求出口断面流量,即分布式概念模型,也称半分布式水文模型。本研究所建立的模型就是属于这种类型。

分布式概念模型按流域各处地形、土壤、植被、土地利用和降水等的不同,将流域划分为若干个水文模拟单元,在每一个单元上用一组参数反映该部分的流域特性。目前具有代表性的分布式水文模拟模型有 TOPMODEL、SWAT、HBV、SWIM 以及 VIC 模型等(苏凤阁,2001),本书选用 HBV 模型和 SWIM 模型进行相关研究。

HBV 模型 (Bergstrom *et al*,1976 & 1992) 是瑞典 SMHI(Swedish Meteorological and Hydrological Institute)开发研制的水文预报模型,为半分布式的概念模型,被用于处理融雪径流,也可应用于无积雪流域。HBV 模型的输入数据是降雨量观测值,气温和可能蒸散发量估计值。时间步长通常是一天,但也可使用较短的时间步长。蒸发值尽管可以使用日值,但通常用月平均值。空气温度数据用于计算积雪累积和融化。当温度偏离正常值时,它也可以用来调节蒸发能力或计算蒸发能力。

目前,HBV 模型在世界上 40 多个不同气候条件的国家被成功应用,其中包括中国的西北地区(康尔泗,1999)和巢湖流域(高超,2009)。HBV 模型通常涉及日雨量和空气温度以及逐日或逐月蒸发能力估计。该模型除用于洪水预报之外,还用于其他方面,如溢洪道设计洪水(Bergstrom,1992),水资源评价(Jutman *et al*,1992;Brandt *et al*,1994),营养负荷估算(Arheimer *et al*,1998)。

模型包括气象插值,积雪累积融化,蒸发量估算子程序,土壤水分计算程序,径流产生程序以及一个单元面积出口到全流域出口汇流之间的简单路径选择程序。它可在若干单元面积上分开运行该模型,然后将所有单元面积的汇集量相加,可为每个单元面积做率定以及预报。考虑高程范围的流域还可细分为高程带,这种细分仅为积雪和土壤水分程序而设。每个高程带可进一步划分成不同的植被带,如林地、非林地等(赵彦增,2007;高超,2009)。HBV 模型结构(Lindstrom *et al*,1997)如图 2-2。

本书使用德国气候变化影响研究所(PIK)Krysanova V 博士(1998)改进的HBV-D 模型。该版本模型具有 Routing(汇流时间)模块,同时可依据 DEM 将已划分的子流域再次划分为 10 个不同的高程带,每个不同高程带又可被细化为最多达 15

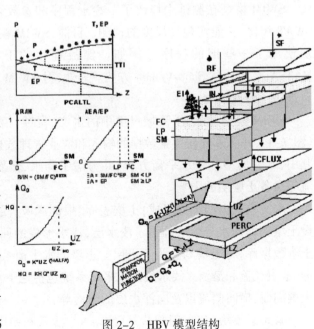

图 2-2 HBV 模型结构

个不同的植被覆盖情况,多次划分子流域,利于考虑下垫面和降雨空间分布的差异,并分别模拟各子流域的径流过程,最后经过河道汇流形成流域出口断面的径流过程。该模型适用于 100 km²~100 万 km² 流域范围内的降水径流关系的建立。

SWIM 模型是德国气候变化影响研究所(PIK)Krysanova V 博士在 SWAT(Arnold *et al*, 1993 & 1994)和 MATSALU(Krysanova *et al*, 1989)模型的基础上研发的,他将两者结合起来,并尽量保持他们各自的特性和优势。SWIM 模型的代码大多基于 SWAT。另一个基础模型 MATSALU,是为了对爱沙尼亚海湾的农业流域进行不同营养模式的评估而开发的,该模型由流域水文、流域化学、河流中水和养分的运输、海湾生态的养分动态四个模块组成;空间划分基于平均面积为 10 km² 的子流域图,土地利用图和土壤图三个图层,并以此来获取基本单元。其三级划分方案包括:流域,子流域和基本单元。Krysanova V 博士将 MATSALU 中的空间三级划分方案引入 SWIM 中。由于 MATSALU 模型最初只是针对曼特色鲁流域且数据设定较特殊,因此模型的移植性不高。

SWIM 模型在测试中修改了一些子程序和参数,替换了一些组件。与 SWAT 相比,它能实现日尺度的预测。目前,SWIM 模型包含的一些常用模块使用了一些旧的程序,例如,漂流程序源于 SWAT,还有来源于 MATSALU 模块的 Sant-Venant 方法。另外,对 SWIM 中 SWAT/GRASS 的接口进行了修改。

SWIM 模型,综合了流域尺度中的水文、侵蚀、植被以及氮磷动态变化(图 2-3),并引入气候要素数据的输入和农业管理数据作为模型控制条件。其中,水文模型基于水平衡方程,并考虑了降水、蒸发、渗透、地表径流、潜流等对各土壤层的影响。

水文模块由四部分组成:土壤表面、根部区域、浅水层以及深水层。假设土壤剖面的水分渗透补给了浅水层,浅水形成的回流又补给径流。根据土壤数据库,将土壤划分为若干层。土壤的水平衡系统包括降水、蒸发、渗透、地表径流和潜流。浅水层的水平衡系统包括地下水补给,毛细水上升到土壤剖面,横向侧流以及向深水层的渗透等。

氮元素模块包含:硝酸盐氮(NO_3-N),活跃和稳定的有机氮,植物残骸中的有机氮以及水流作用(肥料量、降水输入、矿化硝化作用、植物吸收作用、地表和地下潜流的冲刷作用、地下水的淋溶作用以及侵蚀造成的损失量)。磷元素模块包含:不稳定磷,活跃和稳定的矿产磷,有机磷和植物残骸中的磷以及水流的作用(肥料量、吸附作用、矿物质、植物吸收作用、侵蚀的作用以及侧流的作用)。

农作物和天然植被模块是水文和养分物质之间的重要衔接。同SWAT模型一样,SWIM模型也使用了简易的EPIC方法来模拟各种可耕种的农作物(小麦、大麦、棉花、土豆、苜蓿等),对每一种作物都使用独有的参数,这些参数是从不同领域的研究中得到的。简化主要涉及简化物候进程描述和信息输入,从而实现在较大的尺度内进行作物的分布式模拟。对于那些包含在数据库中的不可耕作的植被,可以通过一些聚合植被类型,如草、草原、森林等来进行模拟。

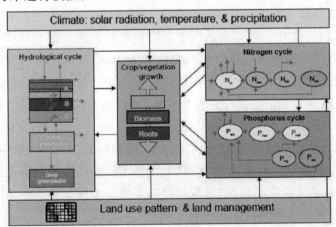

图2-3　SWIM模型的结构图

SWIM模型的未来发展方向有:气候和作物输入数据的标准化;添加关于土壤中碳循环的模块;添加湖泊水系模块;加强对横向营养传输的研究等。

2.3.3　气候模式降尺度

对于未来气候变化,GCMs生成气候情景是很有前途的方法,它能够有效地提供有价值的气候要素信息(江涛等,2000)。IPCC AR4提供了内容丰富的气候模拟和预估数据集，但是在区域或流域尺度上直接解释和应用这些数据仍然存在困难，原因之一是 GCMs 空间分辨率较低（一般为300 km），缺少区域气候信息，很难对区域气候情景做详细地预测，限制了其与大部分影响评估模型的直接耦合（Varis et al，2004；Dibike et al，2005），很难满足实际应用的需要。另外，GCMs 虽然提供了日或更小时间尺度的气候信息，但存在较大的系统误差和不确定性，使其直接用于气候影响评估时具有更大的不确定性。

针对 GCMs 分辨率较粗的问题，一般通过降尺度方法，将大尺度、低分辨率的 GCMs 输出信息转化为区域尺度的地面气候信息（如气温、降水），从而弥补 GCMs 对区域气候预测的局限性。目前有许多降尺度技术用于提供区域或局地气候情景，可概括为动力降尺度与统计降尺度（Wilby et al，2000；Stehlikand et al，2002；Hellstrom et al，2003；Wetterhall et al，2005 & 2007）。这些降尺度方法仍处于发展与试验阶段，每种方法都有其优点与缺点，目前尚没有一种方法适用于所有情况，仍需不断发展完善现有方法，以更好地模拟区域气候要素的变化（Wetterhall et al，2007）。研究表明，统计降尺度法和动力降尺度法在估计当前气候情景时，结果基本一致，但在未来气候情景预估方面却存在很大的差别，其原因尚不清楚。因此哪种方法对未来区域气候情景预估更可信一些，仍是一个亟待研究的问题。本书采取双线性内插方法进行降尺度处理，将德国 ECHAM5/ MPI-OM、美国NCAR-CCM3、澳大利亚 CSIRO_MK3 三个气候模式数据插值至淮河流域176 个高密度气象观测站点，获取加密站点的三个模式数据的各三个情景数据，即获得九套淮河流域未来情景数据。

3 气候变化和径流量变化观测事实

本章主要以 1958—2007 年(近 50 年)来的气象、水文数据分析为基础,研究淮河流域气候变化和径流量变化观测事实的平均态变化和极端事件。

3.1 引 言

IPCC 第二工作组第四次评估报告(2007)指出,全球气候变暖将加剧水资源时空分布失衡,部分干旱地区愈加干旱,洪涝地区愈加洪涝。极端事件(如洪涝、干旱、暴雨、高温等)频繁突发和加剧,已成为当今社会和科学界愈来愈关注的焦点(Obasi,2002;翟盘茂等,2007;江志红等,2009)。近10 多年来,由极端事件所造成的直接经济损失呈指数上升趋势,由此引发的人类死亡率也在不断上升(Meehl et al,2000;丁裕国等,2006)。预测结果进一步表明,21 世纪气候继续向变暖方向发展(IPCC,2007;秦大河,2007)。理论上,气候变暖背景下,地面温度升高,大气持水能力增强,地面蒸发能力增强,易导致高温干旱事件发生;同时为了与蒸发相平衡,降水也将增加,从而更易发生洪涝灾害等极端水文事件,气候系统中水文循环过程加剧,引起水资源在时空上重新分配和水资源总量的改变(Milly,2005;Ding et al,2007;刘春蓁等,2007;王静爱等,2008;吴绍洪等,2009)。全球范围内的观测数据表明,在过去的 40 年中干旱、洪水发生的频率呈上升趋势(Jiang et al,2007;王国庆等,2008)。Milly(2005)研究表明,随全球温度继续升高,未来洪水发生的频率还会更高,认为在未来 50~100 年中,在亚洲受季风影响的区域,降水明显增加的可能性将是现在的 5 倍。在气候变化和人类活动共同作用下,汛期发生洪涝以及枯水期发生干旱的频率可能加大,极端水文事件发生的频次和强度增加(贺国敏,2008;秦大河,2008;张建云,2009)。

随着人口增长和经济社会的快速发展,人类活动对土地利用和流域水循环的影响不断加剧。近年来，全球气候变化更进一步加剧了这种影响，旱涝灾害致灾因子、孕灾环境和承灾体情势及其相互关系发生了深刻变化（谈广鸣等，2009），导致旱涝灾害态势出现新的变化。在气候变化和人类活动（如土地利用和土地覆盖变化、修建水利工程等）交叉作用的变化环境背景下，研究淮河流域极端气温、极端降水，以及引起旱涝灾害的极端水文事件时空分布、演变等，将为制订变化环境下水资源的合理规划提供重要科学依据，也为应对和减缓气候变化速度提供支撑（王雪臣等，2008）。

研究数据来源于中国气象局国家气象信息中心提供的 1958—2007 年流域内 176 个加密气象站点的逐日气温和降水量数据，用于分析 1958—2007 年气温和降水量变化。淮河径流资料选取淮河中游重要控制水文站蚌埠站 1964 年 1 月 1 日—2007 年 12 月 31 日逐日径流资料，由水利部淮河水利委员会提供。

淮河流域气候变化事实和趋势的分析主要采取 Mann-Kendall 法。基于气候序列平稳的前提，这是一种非参数统计检验方法，也称无分布检验，其优点是不遵从一定的分布，也不受少数异常值的干扰，更适合于类型变量和顺序变量，计算也比较简便（Su et al，2006）。

对于气温、降水要素的距平研究，在观测期（1958—2007 年）取 1961—1990 年时段为基期，取气温、降水要素在上述两时段的平均值作为基准，计算其各自距平。

IPCC 评估报告把天气与气候极端事件分为四类，其中位居首位的就是极端温度事件。对极端温度的研究集中在对其定义的分析，马柱国等（2003）在 1951—2003 年 1 月和 7 月平均温度的基础上添加一个修订值作为极端温度的阈值；Andrew F 等（1999）定义连续 2~5 天内最高温度大于或者等于给定温度阈值则为极端温度事件。

关于极端降水的研究方法很多，如采取选取某个固定的降水量值作为阈值的办法，判定出现大于该阈值的情况就是极端降水。Groisman 等（1999）分别选取了 25.4 mm/d 和 50.8 mm/d 作为极端日降水阈值。我国暴雨的气候特征分析常常以 50 mm/d 作为极端降水阈值。我国地域辽阔，降水主要呈现南多北少、东多西少的分布特征，时空差异大，因此，对我国而言，选择某个固定的降水量值作为极端降水阈值来分析极端降水变化是不合适的。气候极值变化研究中常采用某个百分位值作为极端值的阈值。当天气的状态严重偏离其气候平均态时就被认为是不易发生的事件,不易发生的事件在统计意义上就可以称为极端事件。

IPCC第三次评估报告(2001)指出,极端事件是指某一地区从统计分布观点看极少发生的天气事件,若用累积分布函数表示,其发生概率相当于或小于第10(或大于第90)个百分位数。大多数人在确定极端事件的极值时按照不同气候要素采用不同分布型的边缘来确定,或者取某个影响人类或生物的界限值作为气候极端值或阈值。事实上,对于不同的地区来说,极端事件是不能完全用全国统一固定的阈值简单定义。本研究根据每一个测站的气候要素定义了不同极端事件的阈值,其具体方法是:把1961—1990年逐年日气候水文要素序列的第95个百分位值的30年平均值定义为极端高温、强降水事件和极端径流量的阈值,第5个百分位值的30年平均值定义为极端低温、极端枯水径流量的阈值,当某日温度、降水量和径流量超过极端阈值时,就称该日出现极端事件。

3.2　1958—2007年气候变化

3.2.1　年平均气温

淮河流域对温室气体增加导致的全球变暖有着自身独特的区域响应。Chen(1991)等人早在20世纪90年代即指出中国范围内在整体升温趋势中有若干降温区域,淮河流域即在其中。从图3-1可知,1963—1993年(31年)间流域气温距平值(相对于1961—1990年多年平均值,下同)除1965年等13个年份外均为负值,气温在此时段呈下降趋势。从Mann-Kendall曲线可以看出,气温在1972年、1974年和1985年MK统计值分别达到−2.13、−2.06和−1.97,大于95%置信度的阈值±1.96,表明流域内在20世纪70—80年代降温趋势明显,在1997年后MK统计值转为正,流域出现增温趋势,而在UF和UB的交点2001年发生突变,呈现持续增温趋势。

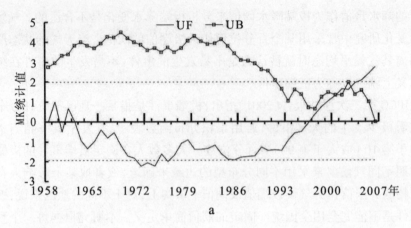

a

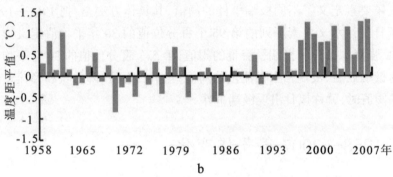

b

图 3-1　淮河流域 1958—2007 年平均温度距平值及 MK 统计值

（虚线代表 α=0.05 显著性水平临界值）

3.2.2　温度季节变化

　　1958—2007 年,淮河流域四个季节平均温度距平差异明显(图 3-2)：春秋两季流域内气温呈现波动增加趋势；夏季流域气温变化波动较小,其中,在 20 世纪 70—80 年代以下降为主；冬季的变化幅度大,尤其是 1987 年之后距平值全为正,多数年份增加值大于 1 ℃, 其中,1999 年距平增温 2.75 ℃,为四季增温之最。

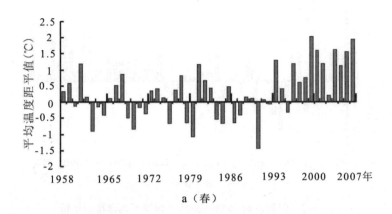

a（春）

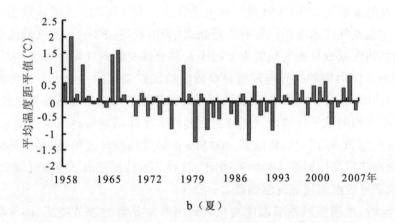

b（夏）

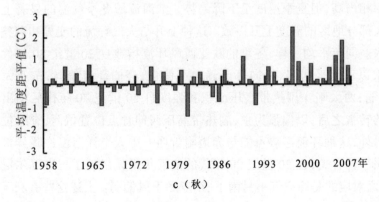

c（秋）

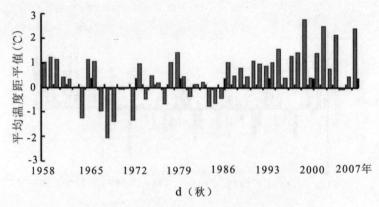

图 3-2　淮河流域 1958—2007 年四季平均温度距平值

　　淮河流域过去 50 年气温呈现上述特征与大气环流、人类排放引起的大气中温室气体浓度增加等有一定联系(唐国利等,2006)。大气环流是形成和制约区域或局地气候的重要因子。在全球变暖的气候背景下,大气环流因响应而出现的变异与调整是导致区域气候变化的一个十分重要的原因。淮河流域位于中国东部,受西风带环流和副热带高压环流等系统控制。从全年平均的欧亚区域西风环流指数和西太平洋副热带高压特征量来看,自 20 世纪 80 年代中后期以来,500 hPa 中纬度纬向环流偏强,经向环流偏弱,而副热带高压则进入持续偏强期。这种环流特征使南下冷空气偏少、偏弱,从而导致淮河流域气温偏高。

　　同时,淮河流域季节温度变化表现出非常显著的季节特征,即冬季增暖速率相当高,但夏季温度呈下降趋势。淮河流域冬季气温的显著上升与全国大部分地区的温度上升一致。这种上升与大气环流的变异和调整有直接关系。同年平均一样,冬季的欧亚西风环流指数自 20 世纪 80 年代中后期以来以正距平居多,纬向环流趋向于偏强,经向环流偏弱;东亚大槽偏东、偏弱;西太平洋副热带高压面积和强度自 20 世纪 70 年代后期出现弱到强的转折之后,以偏强为主,副热带高压西伸脊点位置偏西,脊线位置偏北。另外,这种环流形势可能与赤道附近西—中太平洋海温冷暖异常和厄尔尼诺事件有关,在 20 世纪 90 年代的前五年里就出现了三次厄尔尼诺事件,与之对应的是冷空气不易南下、东亚冬季风偏弱。上述这些有利于冬季气温偏高的因素在 20 世纪 90 年代表现得非常明显。夏季气温有微弱的下降,可能主要同大气环流背景及其所产生的天气气候条件密切相关,如北方冷气团的活动、雨水天气的增多以及日照的减少等通常都伴随着温度的下降(唐国利等,2006;赵宗慈等,2005)。

3.2.3 年降水量

年降水量的距平值及 MK 统计值见图 3-3。淮河流域年降水量对全球变暖的响应与温度的响应并不一样,其 MK 统计值最大为 1964 年的 1.95,尚达不到 95% 置信度的 1.96,因而 1958—2007 年无突变性的增加或减少趋势。但是从 1977—2006 年,其 MK 统计值除 1991 年外均为负值,反映降水有不显著的减少趋势。从图 3-3b 距平值可知,降水变幅多数在 100 mm~

200 mm 之间,但是 2003 年淮河流域受西北太平洋副热带高压影响异常偏强,加上西南暖湿气流强盛,导致冷暖空气在淮河流域交汇,降水量异常偏多,超过多年均值约 400 mm,造成流域性大洪水。

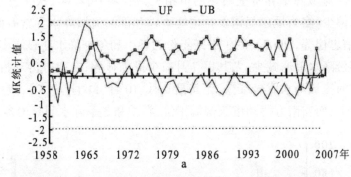

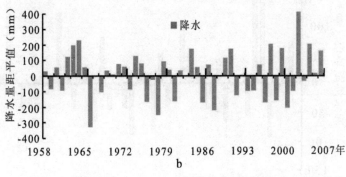

图 3-3 淮河流域 1958—2007 年年降水量距平值及 MK 统计值
(图 a 虚线代表 α=0.05 显著性水平临界值)

3.2.4　降水量季节变化

淮河流域夏季降水量变幅较大，尤其是 1997 年之后，变幅在 200 mm 左右，2003 年夏季增幅达到了 302 mm，为四季中增幅最大，2003 年全流域性洪水与之关系密切。1998 年春季，降水距平增幅达到 181.3 mm。秋季降水距平变率不大，多数在 ±100 mm 以内振荡。冬季降水量变化趋势不明显，仅 1989 年、1990 年和 2001 年增幅约 60 mm（图 3-4）。由此反映出淮河流域降水季节差异性较大。

淮河流域降水变化可能与北太平洋涛动、厄尔尼诺和拉尼娜事件等有密切关系。张静等人（2007）研究表明，冬季北太平洋涛动与次年夏季我国淮河流域降水异常呈明显的负相关：强（弱）涛动年，次年夏季淮河流域降水偏少（多）；厄尔尼诺及拉尼娜事件和淮河流域降水异常有明显的相关性（信忠保等，2005），厄尔尼诺年份的春季和冬季降水明显增多，而在拉尼娜年份降水普遍减少，尤其以 7 月减少最为显著；在南方涛动指数偏高年份，淮河流域降水明显减少，尤其是 9 月、10 月、11 月三个月，减少量都在 30% 以上；而在南方涛动指数偏低年份，春季和冬季降水明显增多。

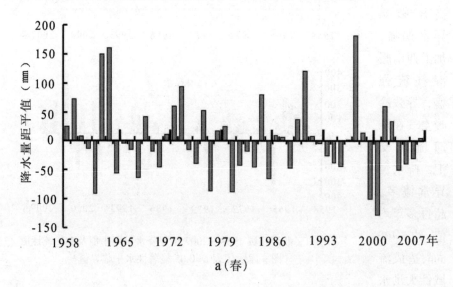

a（春）

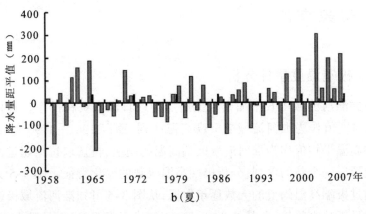

b（夏）

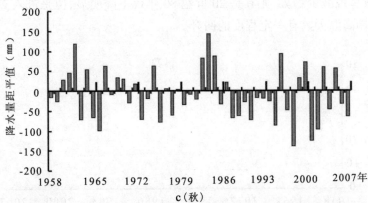

c（秋）

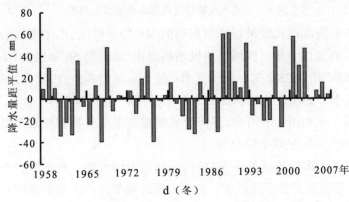

d（冬）

图 3-4 淮河流域 1958—2007 年四季降水量距平值

3.3 极端事件

3.3.1 极端温度事件分析

根据淮河流域 176 个加密气象站点的逐日温度资料排序，选择逐年 95% 的温度值作为淮河流域的极端高温序列，而以 1961—1990 年（30 年）的极端高温平均值作为淮河流域极端高温的阈值，再选取每年超过此阈值的天数形成一个新的序列，分析极端高温天数的变化特征。图 3-5 为淮河流域超过极端高温阈值的天数逐年数据，从图 3-5 可知淮河流域极端高温的天数呈现减少趋势，尤其是 20 世纪 80 年代下降明显，但是进入 21 世纪后，极端高温天数有一定程度的回升。

图 3-5　淮河流域超过极端高温阈值的日数

图 3-6 为淮河流域极端高温阈值的 MK 统计情况，图中虚线表示极端高温阈值的变化，显示流域平均极端高温由 20 世纪 50 年代的 31 ℃波动下降到 2007 年的 28.2 ℃。而从其 MK 统计值可以看出：1962 年后，淮河流域极端高温开始出现比较明显的下降过程，且一直持续至今。

从图 3-5 和图 3-6 可知，淮河流域极端高温的天数和极端高温值均在 1957—2007 年间呈现下降趋势。

图 3-7 为淮河流域低于 5% 的极端阈值温度天数，其下降斜率高于图 3-5 中极端高温天数下降斜率，表明出现极端低温的天数呈现逐年下降趋势；同时出现极端高温的天数亦在下降，淮河流域气温变化幅度下降。

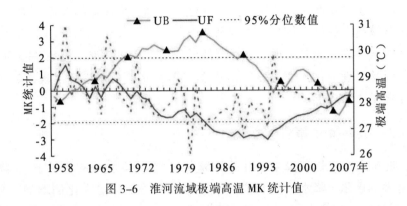

图 3-6　淮河流域极端高温 MK 统计值

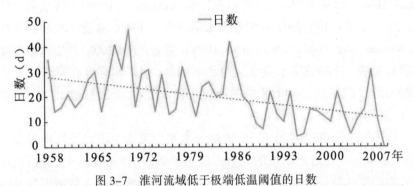

图 3-7　淮河流域低于极端低温阈值的日数

淮河流域极端低温 MK 统计值如图 3-8,虚线表示其极端低温由 -4 ℃ 左右上升为 0 ℃ 左右,而从 MK 统计曲线可知,其在 1985 年前后极端低温值出现较明显的上升过程,且一直持续至今。

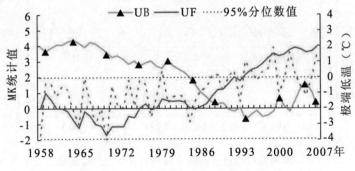

图 3-8　淮河流域极端低温 MK 统计值

由上述可知淮河流域极端高温在逐年下降、极端低温在逐年上升,而出现极端高温和极端低温的天数都在下降,同时综合气温平均态的分析,淮河流域平均气温是呈现一定程度的增加的,所以就淮河流域整体而言,其气温是呈现变化幅度减缓的缓慢增温趋势,极端气温事件出现次数和温度变化幅度均减小。

3.3.2 极端降水事件分析

近年来关于极端降水事件的研究发现,在全球变暖的背景下,总降水量增大的区域,降水强度和强降水事件极有可能以更大比例增加,美国(Karl,1998)、加拿大(Stone,1999)和日本(Yamamoto,1999)等区域降水研究都证实了上述结论。即使平均总降水量减少,强降水量及降水频数也在增加(Manton *et al*,2001;Buffoni *et al*,1999)。翟盘茂等(2003)对中国极端降水的研究表明,全国总降水量变化趋势不明显,但降水强度在增强。刘小宁(1999)的研究发现,20世纪80年代后,除华北外,全国暴雨出现频数明显上升,强度增大。

以1961—1990年(30年)的极端降水平均值作为淮河流域极端降水的阈值,挑取每年超过此阈值的天数形成一个新的序列(图3-9),分析极端降水天数的变化特征。再计算挑取出的超过极端降水阈值天数所发生的降水量占全年降水量的比例形成一个序列(图3-9),分析极端降水对全年降水的贡献变化特征。

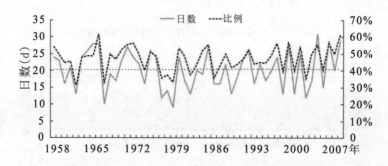

图3-9 淮河流域超过极端降水阈值的日数及其降水量占全年比例

从图3-9可知,淮河流域高于极端降水阈值的天数全年多数维持在

15~25 天左右,1957—2007 年间没有明显变化趋势;而极端降水占全年降水的比例多数在 40%~60% 之间,也没有明显的增减趋势。

图 3-10 为淮河流域极端降水(虚线)和其 MK 统计值图,其 MK 统计值在 1957—2007 年间均没有超过 95% 置信度的 ±1.96,反映出淮河流域极端降水情况没有明显变化趋势,其极端降水折线图也显示没有明显增减趋势。这表明淮河流域与全国其他流域极端降水呈增加趋势的特征不一致(翟盘茂等,2003),反映了淮河流域独特的降水特征等。

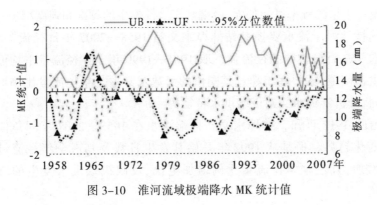

图 3-10 淮河流域极端降水 MK 统计值

3.3.3 极端水文事件分析

淮河流域是我国人口最为稠密的地区之一,生产生活需水量大,同时又是水旱灾害频发的地区,1958—2007 年蚌埠水文站径流趋势分析表明,径流变化趋势并不明显(图 3-11),但是枯水期和丰水期的洪峰流量的变化趋势呈现显著态势。未来气候变暖情景下,气候变暖将加剧水文循环的过程,驱动降水量、蒸发量等水文要素的变化,增

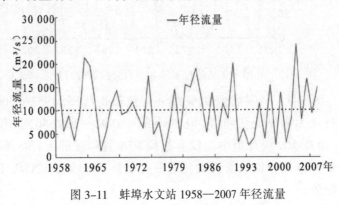

图 3-11 蚌埠水文站 1958—2007 年径流量

强极端水文事件发生的概率,改变区域水量平衡,影响区域水资源分布。因此,研究水文循环及区域水资源的影响是气候变化领域最重要的研究内容。

气候变暖背景下,气候系统中水文循环过程加剧,引起水资源在时空上重新分配和水资源总量的改变(Milly,2005;刘春蓁,2007)。在过去的 40 年中,全球范围内干旱、洪水发生的频率呈上升趋势(Jiang,2007;王国庆,2008)。淮河流域在气候变化和人类活动共同作用下,汛期发生洪涝以及枯水期发生干旱的频率可能加大,极端水文事件发生的频次和强度增加。

选择淮河干流重要控制站蚌埠水文站 1958—2007 年日径流资料,逐年提取 95%百分位数的径流量,取 1961—1990 年上述径流量平均值作为极端洪水阈值,获得逐年超过其阈值的天数及其占全年径流量比例形成两个序列,分析蚌埠水文站极端洪水特征等。

由图 3-12 可知,蚌埠水文站极端洪水在 1958—2007 年间总体没有明显变化趋势,但是从 1992 年开始其发生日数及其占全年径流量比例有所增加,且占全年径流量比例增加更快,反映极端洪水发生的流量增加迅速。

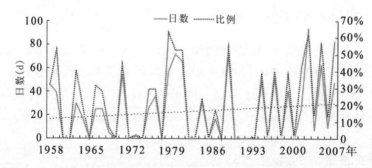

图 3-12　蚌埠水文站超过流量 95%百分位数的日数及其流量占全年比例

图 3-13 中虚线为 95%百分位数值折线图,1958—2007 年间整体上该折线无明显变化趋势,但在局部的 1992—2007 年间,有一定的上升趋势,而在 MK 统计值中均没有达到 95%置信度的 ±1.96,蚌埠水文站超过流量 95%百分位数阈值无显著变化趋势,在 1992—2007 年间有微弱的增加趋势。

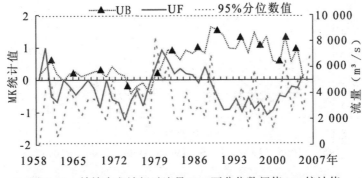

图 3-13 蚌埠水文站超过流量 95%百分位数阈值 MK 统计值

与极端洪水阈值有明显不同的是,淮河流域极端枯水阈值出现了较为显著的变化,从图 3-14 可知,1982—1999 年,蚌埠水文站流量低于 1961—1990 年平均极端枯水阈值的天数为零,反映出此时期径流量均在枯水阈值以上波动,结合图 3-12,其虚线显示 1982—1999 年间超过 95%百分位数的极端洪水阈值处于一个相对下降时期,可知,此阶段淮河流域径流量波动幅度甚小,多数处于极端洪水阈值与极端枯水阈值之间。

自 1999 年之后,蚌埠水文站极端枯水日数有所增加,甚至达到 300 天左右,反映流量下降幅度很快,淮河干流径流量下降迅速直接导致流域水资源紧张。图 3-15 虚线反映极端枯水阈值存在一个很剧烈的波动,自 1974 年左右,极端枯水流量值有一个突变增加过程,一直到 1999 前后,反映此极端流域径流量较为充足,处于一个高水平的波动期,而 1999 年之后流域极端枯水阈值猛然下跌至 50 m³/s 左右,反映出蚌埠水文站径流量呈现锐减趋势,之后一直延续下跌趋势,流域水资源出现紧张,淮河供水能力不足,极其容易导致流域性的大旱等情况发生。

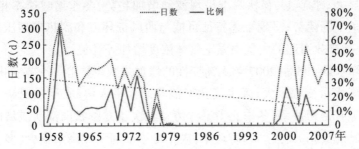

图 3-14 蚌埠水文站低于流量 5%百分位数的日数及其流量占全年比例

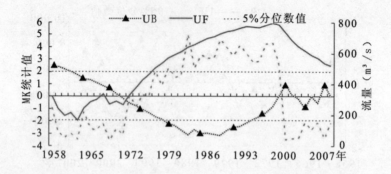

图 3-15 蚌埠水文站低于流量 5%百分位数阈值 MK 统计值

1901—1948 年(48 年),淮河流域共发生 42 次水灾,新中国成立后的 1950 年、1954 年、1957 年、1965 年、1968 年、1969 年、1974 年、1975 年、1991 年、2003 年、2007 年均出现大水灾;在出现大水灾的同时,极端干旱频发, 1949—1998 年(50 年)中淮河先后出现了 12 个大旱年份(大旱出现的频次 为 4 年出现一次),淮河旱灾呈逐年加剧的趋势,且旱灾重于水灾。据历史 资料,淮河从 16 世纪至新中国成立后 50 年中,共发生旱灾 260 多次,旱灾 出现的频次为 1.7 年发生一次。历史上淮河为我国旱灾最频繁的地区之一。

3.4 小 结

本书采用观测气温、降水量资料以及预估气温和降水量数据,分析了 淮河流域 1958—2007 年气温和降水量变化趋势,得到如下结论:

淮河流域平均气温,在 20 世纪 90 年代以前以降温为主,90 年代中后 期增温显著;季节上,春秋两季呈现波动增加趋势,冬季增暖速率相当高, 夏季则呈下降趋势;呈现上述特征可能与西风带环流和副热带高压等环流 系统、人类排放引起的大气中温室气体浓度增加等有关。

年降水量 1958—2007 年无突变性的增加或减少趋势。季节变化上,流 域夏季降水量变幅较大,降水变化可能与北太平洋涛动、厄尔尼诺及拉尼 娜事件等有密切关系,冬季北太平洋涛动与次年夏季我国淮河流域降水异 常呈明显的负相关:强(弱)涛动年,次年夏季淮河流域降水偏少(多);厄尔 尼诺年份的春季和冬季降水明显增多,而在拉尼娜年份降水普遍减少。

极端温度：淮河流域极端高温的天数呈现减少趋势，尤其是 20 世纪 80 年代下降明显；淮河流域极端高温阈值的 MK 统计图显示淮河流域极端高温自 1962 年开始出现比较明显的下降过程，且一直持续至今。淮河流域极端高温的天数和极端高温值均在 1957—2007 年间呈现下降趋势。淮河流域出现极端低温的天数呈现逐年下降趋势，淮河流域极端低温 MK 统计值图显示：在 1985 年前后极端低温值出现较明显的上升过程，且一直持续至今。

淮河流域极端高温在逐年下降，极端低温在逐年上升，而出现极端高温和极端低温的天数都在下降，同时由气温平均态的分析可知淮河流域平均气温是呈现一定程度的上升的，所以就淮河流域整体而言，其气温呈现变化幅度减缓的缓慢增温趋势，极端气温事件出现次数和温度变化幅度均减小。

极端降水：1957—2007 年间淮河流域高于极端降水阈值的天数没有明显变化趋势，极端降水占全年降水的比例多数在 40%~60% 之间，也没有明显的增减趋势。淮河流域极端降水和其 MK 统计值图反映出淮河流域极端降水情况没有明显流域趋势，与全国其他流域极端降水呈增加趋势的特征不一致，反映了淮河流域独特的降水特征等。

极端水文事件：选择淮河干流重要控制站蚌埠水文站 1958—2007 年日径流资料分析蚌埠水文站极端洪水特征。1958—2007 年，蚌埠水文站径流趋势分析表明径流变化趋势并不明显，同时，蚌埠水文站极端洪水在 1958—2007 年间总体没有明显变化趋势，但是从 1992 年开始其发生日数及其占全年径流量比例有所增加，且占全年径流量比例增加更快，反映出极端洪水发生的流量增加迅速。

与极端洪水阈值有明显不同的是，淮河流域极端枯水阈值出现较为显著的变化，1982—1999 年径流量均在枯水阈值以上波动，而此时极端洪水阈值处于一个相对下降时期，可知此段时间淮河流域极端径流量波动幅度甚小，多数处于极端洪水阈值与极端枯水阈值之间。自 1999 年之后，蚌埠水文站极端枯水日数有所增加，甚至达到 300 天左右，反映出流量下降幅度很快，1999 年之后流域极端枯水阈值猛然下跌至 50 m³/s 左右，淮河干流径流量下降迅速直接导致流域水资源紧张，淮河供水能力不足，极其容易导致流域性大旱等情况发生。

4　水文模拟效果比较分析

本章对研究过程中使用的 ANN、HBV 和 SWIM 等水文模型建立过程进行描述,寻找适用于表达淮河流域降水径流关系的水文模型,并比较各水文模型之间的异同点。

4.1　引　言

水是大气环流和水文循环中的重要因素,是全球气候变化最直接和最重要的影响领域(IPCC,2007)。IPCC 主席帕乔里在 IPCC 技术报告之六"气候与水"的序言中指出:"气候、淡水和各社会经济系统以错综复杂的方式相互影响。因而,其中某个系统的变化可引发另一个系统的变化。在判定关键的区域和行业脆弱性的过程中,与淡水有关的问题是至关重要的。因此,气候变化与淡水资源的关系是人类社会关切的首要问题。"(IPCC,2007)关于气候变化对水的影响研究起步于 20 世纪 70 年代后期,流域水文模型的应用成为评估气候变化对水资源、径流影响的重要手段(Schwarz *et al*,1977;Milly,2005;Kundzewicz *et al*,2005;李勇等,2007;高超等,2010)。

流域水文模型,是以流域为研究对象,对流域内发生的降雨径流这一特定的水文过程进行数学模拟,是进行流域水资源分析研究的基础。选择和使用流域水文模型来评价气候变化对水文水资源的影响时,应考虑下列几个因素:模型的内在精度;模型率定和参数变化;现有的资料及其精度;模型的通用性和适用性;以及与 GCMs 的兼容性。随着计算机技术、遥感(Remote Sensing,RS)技术、地理信息系统(Geographic Information System,GIS)和数字高程模型(Digital Elevation Model,DEM)等先进技术和工具的出现,流域水文模型进入了更复杂、更快速、更精确的飞跃时期。

目前,用于估算区域水文水资源对气候变化响应的水文模型主要有以下三大类:经验统计模型、概念性水文模型和分布式水文模型。

　　分布式物理流域水文模型是现在乃至将来研究的一个重要方向,是热门的水文模型。因为该类模型参数具有明确的物理意义,通过连续方程和动力方程求解,可以更准确地描述水文过程,并且模型所需资料容易获得,另外在无资料或资料精度不高的地区也有很好的适应性。与经验统计模型和概念性模型相比,物理模型在模拟降雨径流、土地利用、气候变化对水文响应的影响、非点源污染、水土流失变化的水文响应等方面的应用体现出了更高的合理性,但这类模型结构复杂、计算繁琐。加强模型的物理基础分析、改进参数优选方法、完善模型结构、增强模拟真实性,是提高分布式物理模型适用性的重要环节。将 GIS、RS 和 DEM 与分布式水文模型结合将会成为研究水文模型的一个重要课题。GIS 可以帮助研究人员快速准确地获取模型所需的空间数据和资料,使模型运行更加迅速、更加合理、更加准确。DEM 作为构成 GIS 的基础数据,可以得到流域水文特征参数信息,如坡度、坡向、汇流网格、流域界线以及单元之间的关系等,同时还可以确定出地表水流路径、河流网络和流域的边界。RS 可以提供一些确定产汇流特性和模型参数的下垫面信息和降雨信息,并且省时省力,这些技术在应用过程中大大体现了其优越性。

4.2　水文模型研究概述

　　淮河流域地处中国南北气候过渡带,降水量虽丰沛,但时空差异大,集中于汛期且年际变率较大,干旱、洪涝灾害频发。张建云(2002)等通过对近50 年的径流观测资料分析发现径流略呈减少趋势,加上流域人口增长、社会经济发展等外界因子的影响,尤其是水环境污染等问题日益严重,致使该地区的水资源供需矛盾变得更加突出。利用水文模型研究淮河流域的降水、径流等与水资源密切相关的问题已经被诸多学者关注,总体可以概括为以下三类水文模型:

　　经验统计模型:高超等(2010)利用人工神经网络模型研究淮河水资源变化情况,在大尺度流域缺少相关下垫面资料的情况下,可以迅速地建立流域降水径流关系,理解流域水资源变化特征等。ANN 方法实际上是一种资料的"拟合"方法,拟合好不一定能够预报好,需要大量的验证工作，即需要长时段的拟合以及与其他水文模型进行相同条件的预报检验对比研究。

概念性水文模型：包红军和李致家（2007）采用分布式概念性水文模型以淮河鲁台子以上流域为例，对王家坝以上流域及阜阳、蒋家集、横排头淮河干支流进行降水径流与洪水过程研究，同时采用马斯京根法、马斯京根水位模拟法和扩散波非线性水位法，对淮河干流王家坝至鲁台子区间行蓄洪区流域洪水进行预报。

分布式水文模型：刘新仁等（1993）利用新安江三水源模型研究淮河流域的降水径流关系；陈英等（1996）基于新安江模型模拟了蚌埠以上流域的年径流；郝振纯（2000）等研制开发了淮河流域新安江月分布式水文模型；Guo（2002）等采用大尺度半分布式的月水量平衡模型对淮河流域水资源进行研究；赵彦增（2007）选择淮河流域颍河水系官寨流域为研究对象，初步研究 HBV 模型在淮河流域的应用效果，进行了连续八年实测资料的分析处理、建模、参数率定以及径流模拟等研究。

4.3　降水径流关系的建立

本书选择经验统计模型中的 ANN 模型、分布式水文模型中的 HBV 模型和 SWIM 模型，以淮河蚌埠水文站以上流域为例（图4-1），比较研究适合淮河流域的水文模型。

研究采用的实测气象数据是由中国气象局国家气象信息中心提供的全国气象站逐日观测数据，选取时段为 1964—2007 年，数据包括流域内 84 个气象站点的日降水量和日平均温度。径流数据来源于全国水

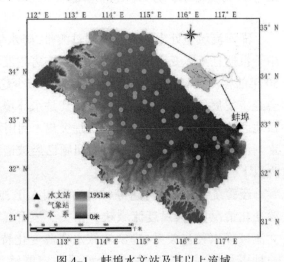

图 4-1　蚌埠水文站及其以上流域

文年鉴(1964—1989年)和淮河水利委员会提供的2000—2007年蚌埠水文站流量数据。研究区 DEM 数据为90米分辨率的 SRTM 数据(http://srtm.csi.cgiar.org)。土地利用数据选取中国科学院资源环境科学数据中心提供的1980年、1995年和2000年3期研究区1:10万土地利用数据。土壤数据来源于联合国粮农组织(FAO)的全球土壤数据库。

模拟径流结果以径流深表示。ANN 和 HBV、SWIM 模型性能均使用由 Nash 等(1970)提出的纳希效率系数(Ens)来判断。该方法可用来解释模型的误差,完美拟合时 Ens=1,一般当观测资料拟合较好时,Ens 能够达到0.80~0.95。

$$R^2 = \frac{\sum(QR-QR_{mean})^2 - \sum(QC-QR)^2}{\sum(QR-QR_{mean})^2} \qquad (3-1)$$

式中,R^2 为效率系数;QR 为实测流量;QC 为计算流量;QR_{mean} 为率定期内实测流量的均值。

同时使用多年径流统计量相对误差 r 来评价模型的模拟精度,相对误差的值越小表明模拟精度越高;如果 r 为正值则表示计算流量高于实测流量,为负值则反之。

$$r = \frac{\sum QC - \sum QR}{\sum QR} \times 100\% \qquad (3-2)$$

4.3.1 ANN 模型的建立

人工神经网络是对人脑若干基本特性通过数学方法进行的抽象和模拟,是一种模仿人脑结构及其功能的非线性信息处理系统。人工神经网络在20世纪90年代广泛应用于各个领域,取得了丰硕的成果,相关学者(胡铁松,1995;苑希民,2002)研究认为,人工神经网络为一些复杂水文水资源问题的研究提供了一条有效途径。

将淮河流域的月降水量和月平均温度的面平均值作为输入因子,与流域控制站蚌埠水文站的月平均流量建立关系,通过 ANN 模型来预估淮河流域蚌埠水文站未来流量变化趋势。

在模拟能力方面,ANN 模型可与具有物理基础的水文模型相互佐证,本书选取 HBV 模型和 SWIM 模型与之进行对比研究。HBV 模型是瑞典气象局与水文研究所开发研制的水文预报模型，为基于 DEM 划分子流域（subbasin）的半分布式水文模型，已经在全世界 100 多个国家得到成功应用（Bergstrom, 1976, 1995），本书选取经德国 PIK 研究所 Krysanova 等（Krysanova et al, 1997）改进的 HBV-D 模型。SWIM 模型集成了水文、植被、土壤侵蚀和氮元素转移转化的动力学原理，模型对中尺度流域气候变化和土地利用类型变化等问题有很强的分析能力（Krysanova et al, 1998）。

ANN 模型对输入参数要求不高，只需要研究区的降水、温度和径流数据，即可使用经验统计的方法建立研究区的降水径流关系，适用于在研究区开展水文模型模拟之前，检视研究区的降水径流关系，获取研究区降水径流关系的直观印象等。同时，其可以被使用于大尺度的流域，不限于单纯的小流域范围，是中小尺度的流域水文模型的有益补充。

确定输入因子。利用算术平均法分别将流域内 84 个气象站点 1964—2007 年月降水量和月平均温度转化为流域面平均值，计算蚌埠水文站月平均流量与流域月降水量和月平均温度的相关系数得到：月降水量和月平均温度对月平均流量存在约两个月的滞后影响，月降水量、月平均温度与当月平均流量的相关系数分别为 0.72、0.44（信度水平为 99%），与滞后 1 个月平均流量的相关系数分别为 0.76、0.50（信度水平为 99%），滞后 2 个月的相关系数分别为 0.42、0.43（信度水平为 99%），而滞后 3 个月的相关系数则为 0.17、0.26（均未通过置信度检验）。因而，选定输入因子为前 2 个月至当月流域月降水量和月平均温度，输出为蚌埠水文站月平均流量。

选择模型算法。ANN 有多种网络拓扑结构，本研究选择在水文领域应用最为广泛的前馈网络，训练算法为多层感知器（Princepe, 1999）。已有研究显示，转移函数为线性方程时优于 Sigmoid（苑希民, 2002），因此选择线性方程作为转移函数。试验表明，隐含层节点数为 5 时模型输出值与实测过程拟合最佳，这与 Han 等（2007）研究结果一致。

训练 ANN。根据实测资料进行 ANN 的率定和验证。选取 1964—1975 年降水、温度数据作为训练数据，1980—1986 年降水、温度数据为交叉验证数据，2000—2007 年降水、温度数据作为试验数据。2000 年 3 月至 2007 年 12 月实测逐月月平均流量与模型输出值的纳希效率系数为 0.739（相应的 1964—1975 年、1980—1986 年纳希效率系数分别为 0.867、0.888），两者过程线见图 4-2,可见训练后的 ANN 能很好地模拟淮河流域平均雨量、温度与蚌埠水文站月平均流量的关系。

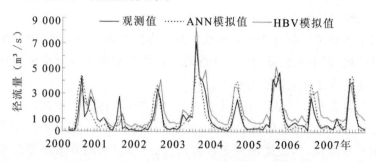

图 4-2　蚌埠水文站 2000.03—2007.12 实测月平均流量与模拟值过程线

ANN 与 HBV 模型比较。输入研究区的数字高程模型数据(DEM)、日均气温、降雨、土地利用、土壤最大含水量和河道信息等参数建立淮河流域 HBV 水文模型,模型率定期、参验期选择同 ANN 模型,即 1964—1975 年、1980—1986 年, 其纳希效率系数分别为 0.782、0.723。将 2000 年 3 月至 2007 年 12 月逐日降水、温度等数据输入模型得出流量过程线(图 4-2),其纳希效率系数为 0.705。比较图 4-2 中由 ANN 模型与 HBV 模型得出的流量过程线,发现其相关性较好,相关系数达 0.781(信度水平为 99%),反映 ANN 模型对淮河径流量模拟能力较强。

4.3.2　HBV 模型的建立

HBV 模型是一种模拟积雪、融雪、实际蒸散量、土壤水分储存、地下水埋深和径流等机制的半分布式的降水径流模型,具有原理结构简单、易于实现、所需输入资料较少、参数优选速度快、模拟性能好等优点。

4.3.2.1　参数的输入

考虑到土地利用变化的时间跨度问题以及蚌埠水文站观测径流量的连续性等情况, 选取 1964—1975 年降水、温度数据作为率定期数据,2000—2007 年降水、温度数据作为验证期数据。

淮河流域蚌埠水文站以上研究区面积约 12.1 万 km²,超过全流域的三分之一。可依据 DEM 数据将研究区分成 17 个子流域,对流域内降水、气温等利用类似于 Kriging 插值方法进行插值运算,将土地利用信息、子流域特征、DEM、土壤最大含水量、流域河流汇流时间等信息输入 HBV 程序,分别对 17 个子流域进行产汇流模拟,然后综合各子流域模拟结果,形成整个流域的径流模拟情况。

HBV 能将流域划分为单元面积从而作为分布式模型应用。每个单元面积根据高程、湖泊和植被分成若干区域。该模型通常涉及日雨量和空气温度以及逐日或逐月蒸发能力估计。

模型的输入数据是观测的降雨量、气温和可能蒸散发量估计值。时间步长通常是一日。蒸发值使用日值,也可使用月平均值。温度数据用于计算积雪累积和融化,当温度偏离正常值,它也可以用来调节蒸发能力或计算蒸发能力。模型包括气象插值,积雪累积融化,蒸发量估算子程序,土壤水分计算程序,径流产生程序,以及一个单元面积出口到全流域出口汇流之间的简单路径选择程序。水流在河道中演进时的坦化变形可以通过参数 LAG(即马斯京根法的 K)和 DAMP(即马斯京根法的 X)模拟,通常用马斯京根方程的改进版来计算。

模型可在若干单元面积上分开运行,然后将所有单元面积的汇集量相加,可为每个单元面积做率定以及预报。考虑高程范围的流域还可细分为高程带,这种细分仅为积雪和土壤水分程序而设。每个高程带可进一步划分成不同的植被带(例如林地和非林地),HBV–D 模型即将每个高程带细分为 15 个植被带。

HBV–D 模型假设降雨和融雪形成的径流量都是下垫面要素共同作用的结果,同时还要通过下垫面形成不同的径流成分,因此,将径流成分概化为上下两层"盒子",分别模拟不同成分的径流量和径流快慢。这是水位流量过程线快速径流(表面径流)和慢速径流(基流)成分的起源。

4.3.2.2　HBV–D 模型的率定

模型选取 1964—1975 年的降水径流资料作为参数率定,2000—2007 年资料作为校核数据,更改主程序运算参数。模型性能使用纳希效率系数值来判断,同时使用多年径流统计量相对误差 r 来评价模型的模拟精度。

以 1964—1975 年日降水径流资料对 HBV 模型进行参数率定,率定后模拟结果如图 4–3a,$R^2=0.78$,$r=1.5\%$。以 2000—2007 年日降水径流量进行参数验证,$R^2=0.70$,$r=2.6\%$,验证结果如图 4–3b。图 4–3c 为 1964—1975 年流域降水—径流双累积曲线。双累积曲线是描述两参数间关系是否有趋势性变化的一种常用的方法。由图 4-3c 知,双累积曲线呈线性增加,表明流域 1969—1974 年间降水—径流关系较稳定。

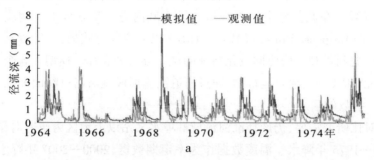

a

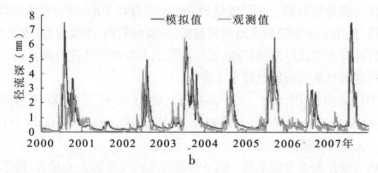

b

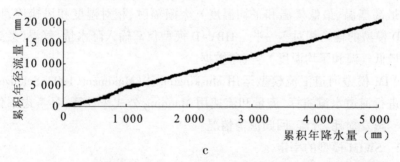

c

图 4-3　蚌埠水文站 1964—1975 年率定期、2000—2007 年校验期
观测值与 HBV-D 模拟值及降水—径流双累积曲线

由以上结果可知,模型经参数率定后,模拟结果达到较好的精度,相对误差仅为 2.6% 左右,模型具有较强适应性。

4.3.3　SWIM 模型的建立

SWIM 模型按不同的土地利用方式和土壤类型将研究区划分成若干不同的子流域，在此基础上，再在每个子流域内进一步划分水文响应单元（Hydrologic Response Units，HRUs）。HRUs 以非空间方式模拟，即以某一子流域中土地利用和土壤协同变化特征的概率分布来表征。模型在各个水文响应单元(HRUs)上独立运行，并通过河道汇流形成流域出口断面汇总。

4.3.3.1　参数的输入

为对比研究需要，仍选择淮河流域蚌埠水文站以上地区为研究对象，选取 1964—1975 年降水、温度数据作为率定期数据，2000—2007 年降水、温度数据作为验证期数据；在子流域划分上直接使用 HBV 模型建立时的 17 个子流域，使用完全相同的土地利用数据、子流域数据、土壤数据、水文气象数据进行蚌埠水文站径流量模拟，试图比较二者与观测径流值的关系，得出适合淮河流域径流模拟的最佳水文模型。

SWIM 模型使用 SCS（CN number）曲线方法计算地表径流量（USDA-SCS,1972；Arnold *et al*,1990），用修正的 Rations Formula 方法和 SCS TR-55 方法来模拟径流峰值。

流域气候控制着水量平衡，模型需要输入的气象因素变量有: 降水量、气温(最高气温、最低气温和平均温度)、太阳辐射、相对湿度和风速等，比 HBV-D 模型的输入相对多一些。HBV-D 模型仅需输入降水量、气温(最高气温、最低气温和平均温度)等气象数据。

SWIM 模型河道汇流模型运用 Muskingum 法(Maidment,1993；Schulze,1995)进行河道水流演算,流量和流速用 Manning 公式来计算,且考虑了传输损失、蒸发损耗、分流、回归流等情况。

4.3.3.2　SWIM 模型的率定

以 1964—1975 年日降水径流资料对 SWIM 模型进行参数率定，率定后模拟结果如图 4-4a，$R^2=0.79$,$r=2.3\%$。以 2000—2007 年日降水径流量进行参数验证,$R^2=0.75$,$r=3.1\%$,验证结果如图 4-4b。由以上结果可知,模型经参数率定后,模拟结果达到较好的精度,相对误差仅为 3% 左右。

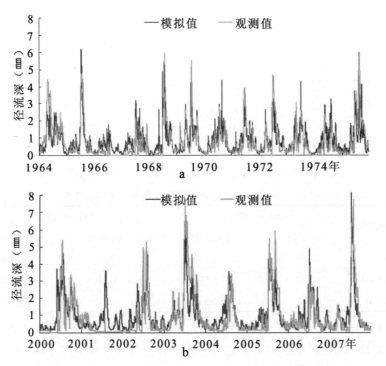

图 4-4 蚌埠水文站 1964—1975 年率定期、2000—2007 年校验期观测值与 SWIM 模拟值

4.4 径流模拟效果分析

4.4.1 纳希效率系数及误差

利用"黑箱"的人工神经网络模型,借助月降水量和月温度值建立淮河蚌埠水文站以上流域的降水—径流关系,分析流域月平均降水、温度和蚌埠水文断面径流量的关系,其仅根据降水径流的多年统计值来模拟淮河干流径流;再利用具有一定物理基础的,可反映流域下垫面情况的分布式水文模型 HBV-D 模型和 SWIM 模型模拟淮河干流径流情势,在参数率定过程中遵循以下原则:先上游后下游;先调整水量平衡,再调整过程;先调整地表径流,再调整土壤水、蒸发和地下径流。2000—2007 年蚌埠水文站流量过程线见图 4-5,模拟效果见表 4-1。

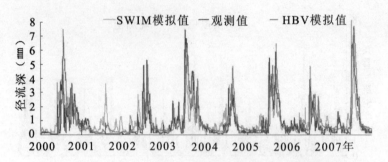

图 4-5 蚌埠水文站 2000—2007 年 SWIM、HBV 模型模拟值

表 4-1 ANN/HBV/SWIM 模型效率系数及误差系数

模型名称	1964—1975 年		2000—2007 年	
	NS 系数	相对误差	NS 系数	相对误差
ANN	0.86	2.3%	0.73	2.8%
HBV-D	0.78	1.5%	0.70	2.6%
SWIM	0.79	2.3%	0.72	3.1%

采用纳希效率系数、径流相对误差来评价模拟结果。从表 4-1 可知,就整体而言,ANN 模拟的效果要比水文模型好, 其纳希系数在 1964—1975 年达 0.86, 在 2000—2007 年亦有 0.73 左右。水文模型中 SWIM 模型的模拟效果要比 HBV-D 模型好,其纳希系数高于 HBV-D 模型。

可以看出有些时段的模型模拟效果并不好, 特别是验证期的首尾年份,原因主要包括:模型模拟预热的问题;气象水文资料的空间分布密度问题;DEM 数据精度、土壤数据和土地利用情况等资料空间尺度问题;模型参数率定过程等均存在一定的不确定性等。

4.4.2 洪峰

从月平均流量可以看出 ANN 模型的缺点,其在峰值的模拟上效果较差,没有体现出径流的极端高值,即洪峰被削弱。而 HBV-D 模型和 SWIM 模型对洪峰等水文极端值模拟效果相对较好,但是对流量的低值反映不明显,SWIM 模型对水文低值的模拟要好于 HBV-D 模型, 这一点在 2000—2007 年的逐月平均过程线中有明显的反映(图 4-6),图 4-7 反映出在平水期的秋冬季、春季 HBV-D 模型模拟值均要高于实测值,秋季尤为明显,高出实测值达 2 000 m³/s。

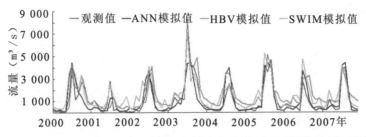

图 4-6 ANN/HBV/SWIM 模型模拟蚌埠水文站 2000—2007 年流量过程线

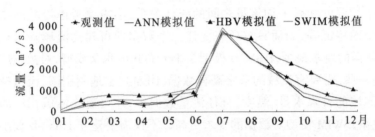

图 4-7 ANN/HBV/SWIM 模型蚌埠水文站逐月模拟流量过程线

ANN 模型在丰水期的夏季将洪峰拉平,峰值延后,在秋冬季(10—12月)其模拟值又相对低于实测值。与 HBV-D 模型相比较而言,SWIM 模型对于水文低值的模拟效果相对理想,ANN 模型对于水文低值的模拟更加准确。

HBV-D 模型和 SWIM 模型对洪峰等水文极端值模拟相对较好,都能较好地重现 7 月份水文极端值的情况,但是 HBV 模型有个模拟的滞后期,后期模拟值依然较高,最后影响了平水期的模拟值。

表 4-2 ANN/HBV/SWIM 模型蚌埠水文站月模拟值纳希系数和相对误差

模型名称	2000—2007 年(月值)	
	NS 系数	相对误差
ANN	0.74	1.0%
HBV	0.69	3.3%
SWIM	0.72	3.1%

相比较而言,没有物理基础的 ANN 模型对于水文低值的模拟效果较其他两个有物理基础的分布式水文模型要好;而对于峰值的模拟,HBV-D

模型和 SWIM 模型均较好,但是 HBV–D 模型具有一定的滞后期,影响后期的模拟效果。

4.5 小 结

本书选取 ANN 模型、HBV–D 模型和 SWIM 模型研究淮河流域的降水径流关系,比较三个模型对蚌埠水文站径流的模拟,可以得出:

三个模型对数据要求不同,"黑箱"模型 ANN 可直接建立流域月平均降水、月平均温度和月平均流量之间的统计关系,不需要考虑流域的物理特征、下垫面特征等,因而只需要有上述三个数据即可建立流域降水径流关系,对数据的要求最少;HBV–D 模型是半分布式的水文模型,对数据的要求相对高一些,需要有流域的数字高程数据(DEM)、土地利用图、土壤持水力数据、流域的日降水量、温度、日径流量数据等,才可建立流域相应的降水径流关系;SWIM 模型对数据的要求更高,不仅需要建立 HBV–D 模型的所有数据,还需要有土壤详细的分层数据、流域耕种时间、施肥时间等数据,在实际使用过程中可根据实际数据量情况选择不同的模型来模拟流域的降水径流关系。

在适用的尺度大小上,ANN 模型因为是直接建立降水、温度和径流的统计关系,其对尺度的要求最低,可适应于大尺度范围;而 HBV–D 模型和 SWIM 模型可以被使用于万平方千米左右及以上地区,在数据翔实的基础上亦能取得较好效果;相比较而言,由于数据等限制,SWIM 模型更适合于万平方千米左右流域的降水径流关系建立。

模拟效果上,三个模型各有优劣之处,"黑箱"模型 ANN 是单纯的降水、温度和径流的统计关系,对水文模拟的整体效果较好,纳希系数较高,而有物理基础的 HBV–D 模型和 SWIM 模型虽然模拟的纳希系数不及 ANN 模型,但是因为具有物理过程,可以详细了解下垫面要素,如土地利用、土壤、DEM、河道情况等对水文过程的影响等,在气候变化和水文研究中仍是较好的工具,研究淮河流域气候变化情况及其对径流的影响等内容正需要此种水文模型工具。

5　未来气候变化与径流预估

本章以德国马普气象研究所提供的海—气耦合模式 ECHAM5/MPI-OM（Roeckner *et al*, 2003）、美国大气研究中心（National Center for Atmospheric Research, NCAR）的气候模式（Community Climate Model）第 3 版 CCM、澳大利亚全球海—气耦合模式 CSIRO_MK3 的三个气候模式数据为基础，比较其在淮河流域的适应性，选取适用于淮河流域的气候模式，分析未来 2011—2060 年气温、降水的变化趋势，并输入水文模型研究未来气候变化情景下淮河径流量的变化。

5.1　引　言

当前，气候变化及其对人类环境的影响已成为全球科学界日益重视的重大科学问题。科学研究以及政府间气候变化专门委员会第四次评估报告表明：气候系统变暖的客观事实不容置疑。我国的《气候变化国家评估报告》亦指出：中国近 100 年来年平均地表气温略有上升，升高幅度为 0.5 ℃~0.8 ℃，增温速率比同期全球平均略强；近 100 年来的年降水量没有出现明显的趋势性变化。但我国有些地区（如四川盆地、淮河流域等）气温却呈下降趋势，如淮河流域 1951—1990 年气温呈下降趋势（任国玉等，2007；Chen *et al*, 1991），淮河流域平均年降水量从 1956 年到 2000 年约减少 50 mm~200 mm（《气候变化国家评估报告》，2007）。这些现象引发学者对于气候变化及其未来趋势预估这一热点的关注，已有不少学者对国内各大流域开展这方面的研究（Su *et al*, 2006; Wang *et al*, 2007; 姜彤等，2005; 任国玉等，2005; 王国杰，2006; 曾小凡等，2007; 高超，2010）。

全球变暖是当今世界各国政府和人们共同关注的热门话题之一，政府间气候变化专门委员会（IPCC）第四次评估报告指出：气候系统变暖的客观事实不容置疑，其将改变大气降水的空间分布和时间变异特性，改变水循环,影响水资源时空分布格局(IPCC,2007;UNDP,2006);在全球变暖的影响下,近100年来中国年平均地表气温升幅为0.5℃~0.8℃(丁一汇,2006;秦大河,2007)。因此,研究我国各流域水资源对气候变暖的响应非常必要。前人已经开展了这方面的研究,如:利用GCMs获得气候和水文特征的估计值(施雅风,1995;Su et al,2005;曾小凡等,2007)、水量平衡模型(游松财等,2002)、长期资料的统计分析(傅国斌,1991)等方法研究不同气候变化情景下中国未来地表径流的变化;采用假定的气候变化情景,输入水文模型(如SWAT,HBV,新安江水文模型等)建立降水径流关系的方法(于磊等,2008;张建云等,2007;Wang et al,2006)。

5.2 未来气候变化情景

研究数据包括实测和预估两部分。实测数据来源于中国气象局国家气象信息中心提供的1958—2007年流域内176个加密气象站点的逐日气温和降水量数据,用于未来气候模式的统计降尺度处理过程。利用德国马普气象研究所提供的海—气耦合模式ECHAM5/ MPI-OM (Roeckner et al,2003)、美国大气研究中心(National Centerfor Atmospheric Research,NCAR)的气候模式(Community Climate Model)第 3 版 CCM、澳大利亚CSIRO_MK3模式,计算2011—2060年逐月气温和降水作为预估数据,用于分析淮河流域未来气候要素变化趋势。

将全球气候模式与基于网格的且具有明确物理机制的分布式水文模型耦合,是开展气候变化对流域水文水资源影响评估的有效方法。随着全球气候模型和水文模型的发展,尤其是陆—气耦合的区域气候模型对降水模拟的改进,气候水文模型的耦合研究,将成为评估气候变化对极端水文事件影响的重要手段(李勇,2007)。但由于全球气候模型采用的是情景分析的方法,且其分辨率比较粗,通常在2°×2°以上,而水文模拟的尺度需求一般在千米级,所以GCMs模型的输出一般无法提供水文影响评价所需要的高精度区域特征和动力过程 (Southam,1999;Prudhomme,2003;赵芳芳,2008)。为了解决这种空间尺度不匹配问题,在过去几十年里涌现出各种降尺度方法(Hanssen et al,2005;Fowler et al,2007)。

　　对上述三套预估数据采取双线性内插方法降尺度处理,插值至淮河流域 176 个加密站点,获取加密站点的三个模式数据的各三个情景数据,即获得九套淮河流域未来情景数据,用于分析淮河流域未来气候变化特征并将其作为气候情景数据输入率定好的水文模型,预估未来情景下淮河径流量变化情况等。

　　图 5-1 为三个模式在淮河流域 2001—2100 年相对于各自 1961—1990 年平均温度的距平值。由图可知,未来情景下,淮河流域温度呈现较为明显的上升趋势,三个模式的九个未来气候变化情景下,到 2100 年流域相对于试验期 1961—1990 年最大增温达 6.28 ℃,九个未来情景的平均值增温也达到 4.26 ℃;在重点关注的 2011—2060 年(表 5-1),淮河流域三个模式最高增温达 4.20 ℃,平均增温 2.61 ℃。因而淮河流域的增温趋势显著,将可能给流域水循环等带来较大影响。而降温主要发生在 21 世纪的前半叶,且发生次数较少,进入 21 世纪 40 年代之后三个模式的九个情景均呈现不同程度的升温趋势。

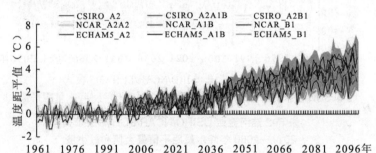

图 5-1　淮河流域 CSIRO/NCAR/ECHAM5 模式
试验期(1961—1990 年)和模拟期(2001—2100 年)温度距平值

表 5-1　淮河流域CSIRO/NCAR/ECHAM5 模式
2011—2060 年温度距平值最大值和最小值

	CSIRO			NCAR			ECHAM5			三模式 平均
	A2	A1B	B1	A2	A1B	B1	A2	A1B	B1	
最小值	-1.21	-1.21	-1.21	-1.31	-1.31	-1.31	-1.32	-1.32	-1.32	-0.46
最大值	3.56	3.26	2.88	4.20	3.37	3.06	3.44	4.09	2.55	2.61

　　与 1958—2007 年的观测期相同,降水在三个模式的九个未来气候变化

情景中 2001—2100 年间亦没有显著的变化（图 5-2），呈现较弱的增加趋势，同时在九个未来气候变化情景中，降水的增加量和减少量几近一致，多数在正负 400 mm 左右。2001—2100 年间三个模式的九个未来气候变化情景中，最大的降水增加量为 538.5 mm；三个模式的平均情况是，降水最大值为 204.1 mm，而降水下降的极端最小值较大，三个模式的极值为 –651 mm，平均状态为 –224.5 mm。在重点关注的 2011—2060 年间，淮河流域最大降水增加量达 534.1 mm，平均增加 168.0 mm，降水下降趋势要显著低于 2001—2100 时段，下降极值和平均值仅 –373.0 mm 和 –84.6 mm，反映出淮河流域未来极端降水的变化较大，在 2060 年之后变化尤其强烈，且低降水量的情况可能要更加严重。

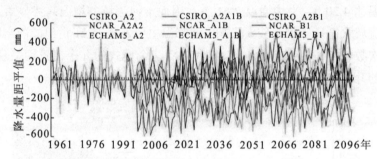

图 5-2　淮河流域 CSIRO/NCAR/ECHAM5 模式
试验期（1961—1990 年）和模拟期（2001—2100 年）降水量距平值

表 5-2 淮河流域 CSIRO/NCAR/ECHAM5 模式
2011—2060 年降水量距平值最大值和最小值

	CSIRO			NCAR			ECHAM5			三模式	平均
	A2	A1B	B1	A2	A1B	B1	A2	A1B	B1		
最小值	–115.8	–100.6	–255.8	–342.3	–236.9	–373.0	–255.8	–342.3	–236.9	–373.0	–84.6
最大值	368.3	460.6	361.8	425.7	395.2	534.1	361.8	425.7	395.2	534.1	168.0

　　全球气候系统模式作为气候模拟和未来气候变化情景预估的重要工具，近年来有着长足发展，但在利用全球模式开展未来气候的情景预估之前，必须先评估这些模式对现代气候尤其是对研究区的气候模拟能力。IPCC（2001）第三次报告指出，全球气候模式虽可以较好地模拟出大尺度环流的平均特征，但在次大陆尺度上，模式与实况之间存在着较大误差，模式

模拟平均温度误差一般可达 4 ℃,降水误差则在 -40% 到 80% 之间。我国诸多学者研究了全球模式对中国气候变化的模拟能力。如赵宗慈等(1990)评估了 6 个全球环流模式在中国区域模拟效果表明,模式对气温的模拟效果最佳,降水的总体分布特征可以模拟出来,但数值相差较大。王淑瑜等(2004)评估 5 个气候模式模拟能力也发现,所有的模式对东亚地区地面气温及年变化的模拟结果均较好,但在整个模拟区域,地面气温模拟值偏低,模式能模拟出东亚地区降水的时空分布特征,但模拟的区域性差别比较大。上述研究表明全球气候模式对中国区域气候具有一定的模拟能力。自IPCC 第三次评估报告以来,全球气候系统模式得到了迅速发展,IPCC 第四次评估报告收集了 23 个全球气候系统模式对 20 世纪气候模拟试验的结果。有关最新全球模式对全球和区域气候模拟能力的评估引起了高度关注,如 Phillips 等(2006)评估 IPCC AR4 的 20 个最新全球模式对全球陆地年平均降水量的模拟能力,发现新一代全球模式对于陆地降水的模拟能力较以前版本的模式有了较大提高,但在大地形区和季风区依然存在系统偏差。Zhou 等(2006)研究 IPCC AR4 的 19 个最新全球模式对 20 世纪中国区域地面气温的模拟能力,发现大部分模式都能模拟出地面气温的平均态,但模式间模拟差异较大。

因而在研究淮河流域的气候变化和径流变化之前,首先需要对三个不同情景模式进行淮河流域的适应性评估,分别将 1961—1990 年观测期的降水、温度数据与三个模式的试验期数据进行对比,分析其相关性,并将2001—2007 年流域观测值与三个模式的情景期数据进行对比,得出其相关性表(表 5-3)。由表可知,ECHAM5 在试验期(1961—1990 年)和模拟期(2001—2007 年)的相关性在三个模式中均较好。

计算表明,ECHAM5 模式模拟的淮河流域 1961—1990 年月平均气温、月降水量与同期流域气象站点观测数据月平均气温、月降水量的相关性达到 97.8%、68.1%,反映出 ECHAM5 数据试验期气温、降水数值与实际观测值具有较好的相关性,尤以月平均气温为好(图 5-3a)。进一步将 ECHAM5模式在 2001—2007 年三种排放情景下预估的月平均气温、月降水量与同期观测数据比较,由月平均气温、月降水量 2001—2007 年间统计曲线可以看出:SRES-A2 情景与观测实际曲线吻合度均较高,相关性达到 96.9%、

63.2%,SRES-B1 情景为 97.6%、43.6%,SRES-A1B 情景相关性略差。

表 5-3　淮河流域 CSIRO/NCAR/ECHAM5 模式
试验期(1961—1990 年)和模拟期(2001—2007 年)与观测值相关性

		1961—1990 年	2001—2007 年		
			A2	A1B	B1
NCAR	降水	0.611	0.665	0.601	0.697
	温度	0.977	0.969	0.966	0.967
CSIRO	降水	0.509	0.392	0.566	0.706
	温度	0.971	0.972	0.971	0.973
ECHAM5	降水	0.681	0.632	0.624	0.436
	温度	0.978	0.969	0.962	0.976

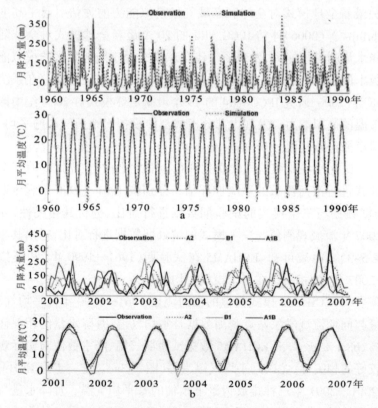

图 5-3　淮河流域 ECHAM5 试验期(a. 1961—1990 年)
和模拟期(b.2001—2007 年)月降水量、温度与实际观测值对比

由此可见,ECHAM5 模式较适用于淮河流域,其预估结果具有一定的参考价值。在此基础上,对 ECHAM5 模式在三种排放情景下的预估数据(2011—2060 年)进行分析。

本研究主要采用 Mann-Kendall 法对淮河流域气候变化事实和趋势进行分析。Mann-Kendall 法基于气候序列平稳的前提,是一种非参数统计检验方法,也称无分布检验,其优点是不遵从一定的分布,也不受少数异常值的干扰,更适合于类型变量和顺序变量,计算也比较简便。

对于气温、降水要素的距平研究,在观测期(1958—2007 年)取 1961—1990 年时段为基期,而在情景期(2011—2060 年)取 ECHAM5/ MPI-OM 试验期的 1961—1990 年为基期,取气温、降水要素在上述两时段的平均值作为基准,计算其各自距平。

采用水文模型方法对淮河径流量进行研究,具体的水文模型方法介绍参见第三章。本章选择 SWIM 模型进行未来淮河径流量模拟。对径流量变化周期的分析采用小波分析方法(方法介绍参见第二章)。

5.3　2011—2060 年气温和降水变化预估

5.3.1　年平均气温

相对于 EACHM5 试验期 1961—1990 年的年平均温度,三种情景下预估的淮河流域年平均气温均呈不同程度的增加趋势(图 5-4),仅有极少数年份流域内温度距平百分率为负值,其余均为正值。其中,A1B 情景在 2035 年之后增温幅度尤其明显,甚至高于 A2 情景,这与气候变化情景设定中对辐射强迫、CO_2 浓度和人口增加等的具体设置有关,例如,在 A1B 情景中,世界人口规模达峰值时间设定为 2050 年前后等。因而,在三种排放情景中,A1B 情景的气温增幅在 21 世纪前半叶的速度要比 A2 情景快,后期 A2 增幅快于 A1B 并超过 A1B 情景的排放(张雪芹等,2008;IPCC,2007)。

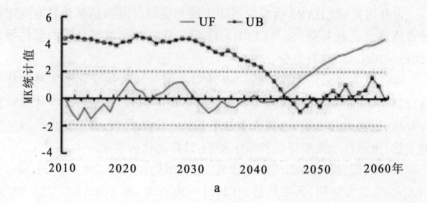

a

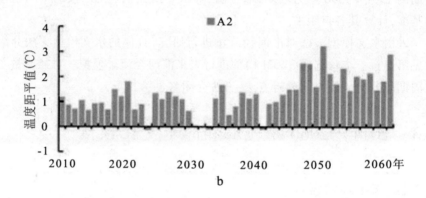

b

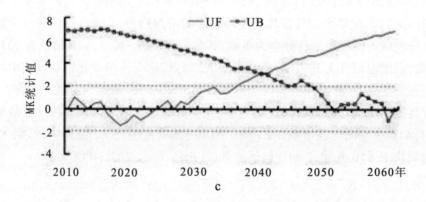

c

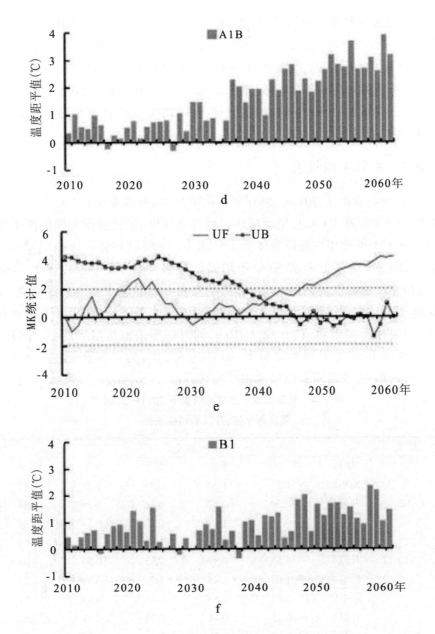

图 5-4 淮河流域 2011—2060 年三种情景下年平均温度距平值及 MK 统计值
（虚线代表 $\alpha=0.05$ 显著性水平临界值）

从 MK 统计值图可以看出,SRES-A2 情景下（图 5-4a),2049 年 UF 值达到 2.00,超过 95% 置信度的 1.96,反映增温趋势显著,即从前一 UF 与 UB 交点 2044 年开始突变增温;SRES-A1B 情景下(图 5-4c)则是在 2040 年达 3.16,超过 99% 置信度的 2.56,即自 2025 年始 A1B 情景增温趋势明显,到 2040 年突变增温;SRES-B1 情景下(图 5-4e)2032 年温度增加趋势明显,至 2040 年左右显著增温。

5.3.2　季节平均气温

表 5-4 给出了 2011—2060 年(50 年)平均温度距平值(℃)、升温率(℃/10a)和标准差(℃),用于描述温度变化幅度、变化速率和年际变率大小。从表中可知年均温度整体呈上升趋势,与基期(1961—1990 年)相比,A2、A1B、B1 情景下未来 50 年年均温度分别升高 1.27 ℃、1.53 ℃、0.91 ℃,四季平均温度上升幅度也在 1.2 ℃左右。A2 情景下冬季升温最快,为 0.54 ℃/10 a,50 年约上升 2.7 ℃,同时标准差也最大,反映年际变率也较大,而夏季升温最弱,仅 0.32 ℃/10 a,同时标准差也是四季最小。同样,A1B 情景下,冬季升温也是最大,50 年达 5.2 ℃,为三种情景之首。相比较而言,B1 情景四季升温幅度相对温和。

表 5-4　淮河流域三种排放情景下 2011—2060 年
温度距平值、升温率和标准差

情景		温度				
	项目	年	春季	夏季	秋季	冬季
A2	距平值	1.27	1.24	0.95	1.23	1.67
	升温率	0.30	0.47	0.32	0.34	0.54
	标准差	0.75	1.19	0.82	0.87	1.38
A1B	距平值	1.53	1.47	1.18	1.46	2.03
	升温率	0.65	0.87	0.73	0.59	1.04
	标准差	1.09	1.45	1.23	0.99	1.75
B1	距平值	0.91	0.63	0.89	0.98	1.14
	升温率	0.25	0.44	0.28	0.37	0.62
	标准差	0.63	1.09	0.69	0.94	1.55

高歌等人（2008）采用由 JSC/CLIVAR 耦合模式工作组（WGCM)和

PCMDI 联合为 IPCC 第四次评估报告（AR4）提供的多个模式，计算淮河流域三种（高、中、低）排放情景下未来气候变化并进行分析，得出：2011—2040 年，各模式及不同排放情景下，淮河流域年平均气温均较 1961—1990 年呈现增加趋势，A1B 情景下气温变化在 0.6 ℃~1.2 ℃，表明气候将变暖，与本书研究结果较一致。

5.3.3　年降水量

相对于 EACHM5 试验期 1961—1990 年年降水量均值，三种情景下预估的淮河流域年降水量有微弱的增加，但 MK 检测均无显著变化趋势（图 5-5）。从降水距平图可知，SRES-A2 的极端降水年份在 2030 年之后频繁出现，在 2056 年达到最高，比多年平均高出 703.5 mm 之多。SRES-B1 情景波动时间分布比较均匀但振荡幅度不大，而 SRES-A1B 情景波动最为平缓。

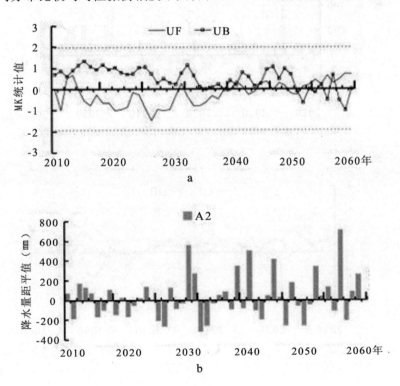

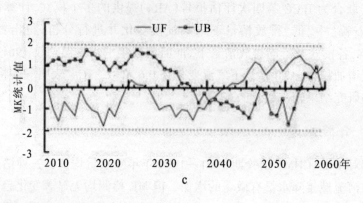

c

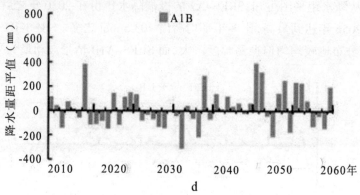

d

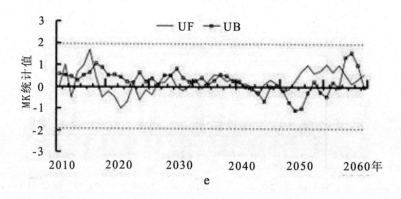

e

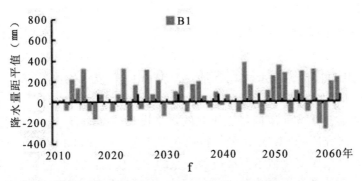

图5-5 淮河流域2011—2060年三种情景下
年降水量距平值及MK统计值(虚线代表 $\alpha=0.05$ 显著性水平临界值)

5.3.4 季节降水量

三种排放情景下降水季节分配(%)、变化率(mm/a)等参数如表5-5,可以看出,降水总体上呈现增加趋势,其中,A1B排放情景下降水量增加最大,平均每年增加9.61 mm。夏季降水在三种情景下都是最高的,A2、A1B、B1情景变化率分别为5.46、5.96和4.45,冬季降水变化最小,三种情景下变化率分别为2.43、4.87和2.52,A2情景最小。总体而言,淮河流域未来50年降水仍以春、夏季为主,占全年降水的70%左右。

表5-5 淮河流域三种排放情景下2011—2060年
降水季节分配、变化率和标准差

情景	项目	降水				
		年	春季	夏季	秋季	冬季
	季节分配		30	40	18	12
A2	变化率	8.73	4.07	5.46	3.67	2.43
	标准差	222	103	139	93	61
	季节分配		29	41	17	13
A1B	变化率	9.61	5.40	5.96	5.66	4.87
	标准差	160	90	99	94	81
	季节分配		27	42	18	13
B1	变化率	6.68	4.17	4.45	3.59	2.52
	标准差	166	103	110	89	62

高歌等人(2008)研究表明淮河流域 11 个模式及排放情景试验中不同排放情景下年降水量有不同程度的增加,季节分配上春、夏季增加最大。

5.4　淮河流域降水径流关系的建立

根据第三章淮河流域径流研究的水文模型选择内容,选择德国波茨坦气候影响研究所的 SWIM 模型,将第三章率定好的 SWIM 模型作为研究淮河流域未来气候变化情景下淮河径流量的水文模型。将经过降尺度处理后的三模式下的九个气候变化情景的降水、温度数据输入 SWIM 模型。首先将由三个模式的情景期数据获得的 2001—2007 年径流量数值与淮河径流量观测值进行比较(图 5-6),图 5-6 中粗线为蚌埠水文站径流观测值。三个模式的九个未来气候变化情景均能够较好地反映淮河径流变化的峰型等信息,但是相互之间存在一定的差别。

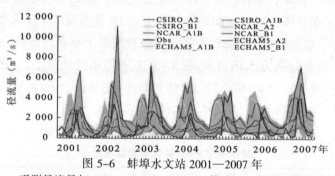

图 5-6　蚌埠水文站 2001—2007 年
观测径流量与 CSIRO/NCAR/ECHAM5 模式 SWIM 模型模拟值

将九个气候变化情景数据输入 SWIM 模型获得淮河径流量在 2011—2060 年的变化情况,由图 5-7 可知,径流量的预估数据是在一个较为宽泛的幅度范围内变动。九个气候变化情景的均值曲线为图 5-7 中的粗线条,反映出淮河流域未来径流量存在一个微弱增加的趋势,这与第四章中1958—2007 年淮河径流量没有明显变化的趋势有一定差距(图 4-11),1958—2007 年观测期淮河径流量没有明显变化,但是未来 2011—2060 年淮河流域径流量可能存在一个上升趋势,淮河流域水资源紧张的情况可能有所缓解。同时南水北调的东线工程经过淮河下游,径流量有一定程度的增加,可能减轻南水北调东线工程对淮河流域的影响。

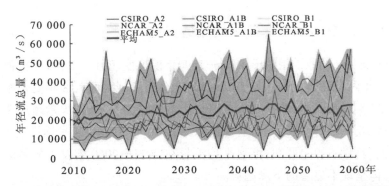

图 5-7　蚌埠水文站 2010—2060 年 CSIRO/NCAR/ECHAM5 模式 SWIM 径流模拟值

5.5　淮河干流 2011—2060 年径流量变化趋势

5.5.1　试验期 2001—2007 年流量变化

选择对淮河流域未来气候模拟较好的 ECHAM5 模式输入水文模型中,深入分析淮河径流量变化。将 2001—2007 年 ECHAM5 模式试验期气象数据输入已经率定好的 SWIM 模型,计算得到的月平均流量均值与蚌埠水文站实测流量对比如图 5-8。可见 ECHAM5 模式三种情景下经 SWIM 模型模拟得到的流量过程线均能够较好地反映洪峰等特征,但仍存在一定误差,这与 SWIM 模型本身的模拟误差有关,此外 ECHAM5 模式的不确定性也是主要原因之一(张雪芹,2008)。在 SRES–A2 情景下模拟的平均流量与观测值数据最相符,相关系数达 0.58(信度水平为 99%)。

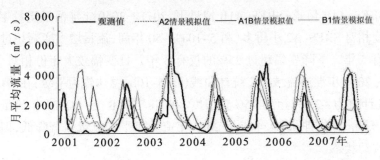

图 5-8　蚌埠水文站 2001—2007 年实测月平均流量与 SWIM 模拟值过程线

5.5.2 2011—2060 年年平均流量变化

SRES-A2 情景。相对于 1961—1990 年模拟值,2011—2060 年淮河年平均流量年际变化幅度较大。SRES-A2 情景下,50 年间有 18 年变化率超过 25%(图 5-9a),其中,流量增大 25% 以上的年份为 8 年,减少量超过 25% 的年份有 10 年,总体处于波动上升趋势。从 2011—2060 年年平均流量 MK 统计量曲线(图 5-9b)可知,淮河平均流量在 2011—2060 未发生显著的突变等,总体呈现不显著的下降趋势。

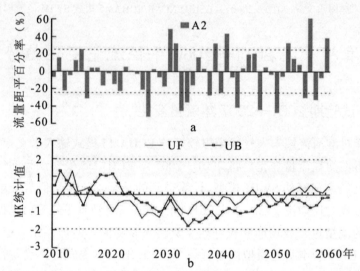

图 5-9 蚌埠水文站 2011—2060 年 SRES-A2 情景下年平均流量距平百分率及 MK 统计值
(a 中虚线表示 ±25% 百分率,b 中虚线表示 95% 置信度的 MK 统计值大小)

SRES-A1B 情景。SRES-A1B 情景下,2011—2060 年淮河径流量年际变化幅度相对 SRES-A2 小得多(图 5-10a)。50 年间,流量增大变幅超过 25% 的仅有 5 年,下降变幅超过 25% 的仅有 3 年,且变幅较大年份相对分散。2011—2060 年淮河流域 MK 统计曲线(图 5-10b)总体较为平缓,在 2037 年 MK 统计值为 -2.03,达到 95% 置信度,在 UF 与 UB 交点 2024 年流量发生突变,开始下降,即从 2024 年至 2037 年流域年平均流量显著降低,但很快进入波动状态。

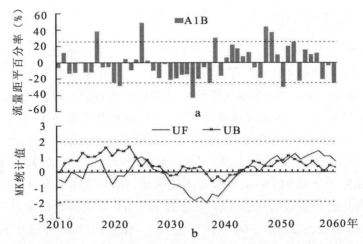

图 5-10 蚌埠水文站 2011—2060 年 SRES-A1B 情景下年平均流量距平百分率及 MK
统计值(a 中虚线表示 ±25% 百分率,b 中虚线表示 90% 置信度的 MK 统计值大小)

SRES-B1 情景。相对于前两种情景,SRES-B1 情景下,淮河年平均流量
的变率最小,几乎没有变化,在 2011—2060 年间没有任何一年的距平百分
率超过 25%,波动甚小,仅在 -23.3%~19.7% 变化。其 MK 统计曲线(图
5-11b)亦显示其在情景期没有突变情况发生。

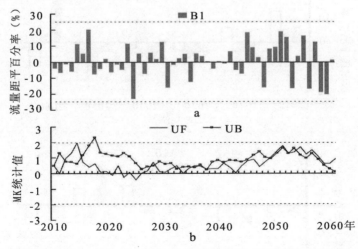

图 5-11 蚌埠水文站 2011—2060 年 SRES-B1 情景下年平均流量距平百分率及 MK 统计值
(a 中虚线表示 ±25% 百分率,b 中虚线表示 90% 置信度的 MK 统计值大小)

5.5.3 2011—2060 年季节平均流量变化

淮河四个季节平均流量在三种排放情景下的年代际分析（图 5-12）表明：春季平均流量年代际距平百分率在 2011—2060 年变幅最小，在 -15.1% ~18.6% 小幅波动，三种情景下平均流量多数呈现持续下降趋势；夏季平均流量在 21 世纪 40 年代前呈下降趋势，之后以上升趋势为主，但是变幅均不大，其中，SRES-A2 情景下在 21 世纪 50 年代增幅达 25% 以上，SRES-A1B 情景下在 21 世纪 30 年代降幅达 25% 以上；秋季平均流量变幅也是 SRES-A2 和 SRES-A1B 情景比较明显，SRES-A1B 情景下从 21 世纪 20 年代开始的流量增加逐步转变为 21 世纪 60 年代开始的流量下降，而 SRES-A2 情景在 21 世纪 60 年代变化率达 -50.6%，为三种情景下四个季节平均流量下降幅度之最；冬季平均流量 SRES-A2 和 SRES-A1B 情景波动明显，均呈现先下降再升高后复下降的趋势，但总体上呈增加趋势，其中，SRES-A1B 情景在 21 世纪 50 年代流量增幅达到 54.7%，亦为三种情景下四个季节平均流量上升幅度之最。

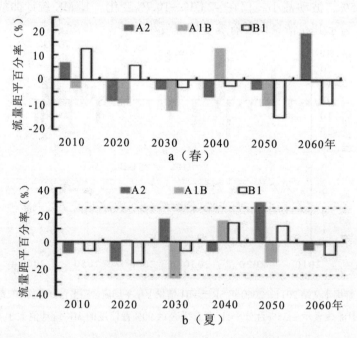

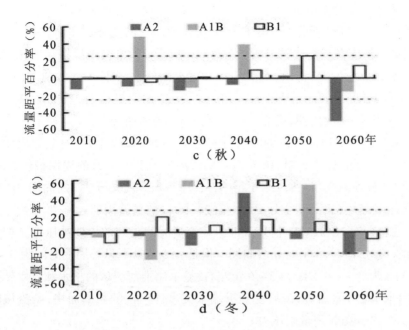

图 5-12　蚌埠水文站 2011—2060 年三种排放情景下
季节平均流量的年代际距平百分率(虚线表示 ±25％百分率)

　　总的来说,2011—2060 年,模式预估淮河夏季和冬季平均流量在三种
情景下呈先减少再增加后下降的趋势;秋季平均流量各情景变化趋势不一
致,总体呈减少趋势;春季变化幅度小于其他季节。

5.5.4　2011—2060 年淮河流域径流量周期特征

　　利用复 Morlet 小波分别对淮河干流蚌埠水文站的标准化观测期和
ECHAM5 情景期月径流资料进行连续小波变换,得到径流序列变化系数
的实部和模,绘制变化系数实部的时频等值线图(图 5-13),分析 2011—
2060 年淮河流域径流量周期变化特征。由图 5-13a 知,淮河观测径流量存
在一个约 10 年的主周期,此外还存在约 20 年的次周期;图 5-13b 显示 A2
情景下,淮河径流量存在约 10 年左右的主周期;图 5-13c 显示 A1B 情景
下存在约 8 年左右的主周期;图 5-13d 显示 B1 情景下存在一个 5 年左右
的主周期。

通过小波变换得到的是一个尺度—时间函数,要准确地对一些复杂过程进行解释,即判断哪个尺度的周期对径流序列的变化起主要作用,则需要借助小波方差进行小波分析检验(图5-14)。计算淮河观测期和ECHAM5情景期的小波方差,得出:观测期小波方差的峰值分别有87、223和30个月,即观测期径流序列存在7~8年(87个月)的明显周期,其次是18~19年(223个月)的次周期,而2~3年(30个月)的周期最弱。

A2情景下,小波方差的峰值分别为47、120和19个月,对应的周期分别为3~4的显著周期、10年左右的次周期,而19个月的周期最弱;A1B情景下,淮河径流存在着3~4年(47个月)和8年(96个月)的周期;B1情景下,存在5~6年(69个月)和2年(24个月)的显著周期。

总体而言,ECHAM5情景下淮河径流量时间序列的周期被压缩,如观测期存在一个7~8年的显著周期,但是,A2情景下显著周期时间为3~4年,A1B为3~4年,B1为5~6年左右,显示出淮河流域的枯水和洪水转换的时间间隔可能缩短,流域受到极端水文事件侵扰的频率加快,给流域防灾减灾、水资源管理带来压力。

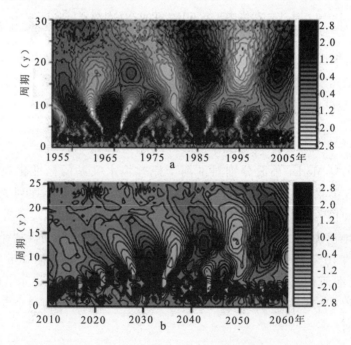

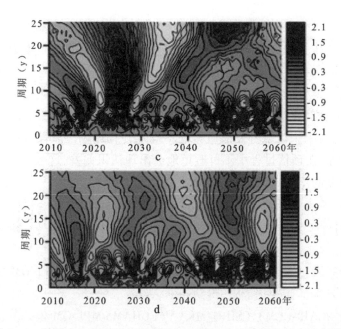

图 5-13　蚌埠水文站径流量观测值与 ECHAM5 预估值的复小波实部图
（a:观测值；b:A2 情景；c:A1B 情景；d:B1 情景）

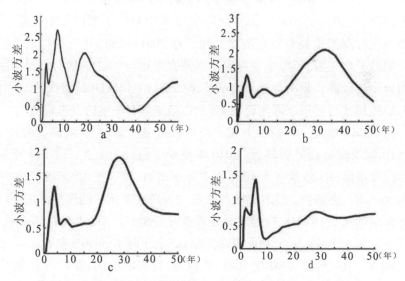

图 5-14　蚌埠水文站径流量观测值与 ECHAM5 预估值的小波分析方差
（a:观测值；b:A2 情景；c:A1B 情景；d:B1 情景）

淮河未来水资源预估存在很大的不确定性，首先是 SWIM 模型本身的局限性导致模拟径流量与观测径流量有一定的误差；其次是作为输入因子的 ECHAM5/MPI-OM 模式预估未来气候要素的不确定性，这种局限性主要归因于用来建模的各种物理因素中存在很大的不确定性，包括模式的计算稳定性、参数化的有效性、物理过程描述的合理性等；再次，淮河受人类活动影响较大，未来区域性发展政策的不确定性将影响区域性气候变化预估结果。此外，在预估过程中不可避免地会出现认识偏差，这也给预估结果带来一定程度的不确定性。

5.6 小 结

本研究采用 NCAR-CCM3、CSIRO_MK3 和 ECHAM5/MPI-OM 模式分析淮河流域未来气候变化情景，得到如下结论：

借助 NCAR-CCM3、CSIRO_MK3 和 ECHAM5/MPI-OM 模式分析淮河流域未来气候变化情景，淮河流域未来气温增幅明显，2011—2060 年间三模式平均增温相对 1961—1990 年距平达 2.61℃，降水相对 1961—1990 年距平变幅达 −84.6 mm ~168.0 mm。比较发现 ECHAM5 数据试验期气温、降水数值与实际观测值具有较好的相关性；在 2001—2007 年三种排放情景下预估的月平均气温、年降水量与同期观测数据比较，A2 情景与观测实际曲线吻合度均较高，相关性达到 96.9%、63.2%，B1 和 A1B 情景次之。因此，ECHAM5 模式可适用于淮河流域，其预估结果具有一定的参考价值。

ECHAM5 模式三种情景下年平均气温增温显著，A1B 最高，2025 年左右 A1B 情景增温趋势明显，到 2040 年突变增温；A2 次之，于 2044 年左右开始突变增温；B1 情景在 2040 年左右显著增温。季节平均气温在三种情景下均是冬季升温最快。ECHAM5 模式在三种情景下预估的淮河流域年降水量有微弱的增加，但 MK 检测均无显著变化趋势；季节降水量总体上看，淮河流域未来 50 年降水仍以春、夏季为主，占全年降水的 70% 左右。

将 NCAR-CCM3、CSIRO_MK3 和 ECHAM5/MPI-OM 模式三种情景下的气候数据输入 SWIM 模型，获取淮河流域未来径流量变化趋势，得出未来淮河径流量有一定程度的增加趋势。分析 ECHAM5 模式数据输入 SWIM

水文模型获得的结果,相对 1961—1990 年年平均流量均值,三种排放情景下 2011—2060 年淮河径流量年际变化幅度差异较大:SRES-A2 情景下 50 年间有 18 年变化率超过 25%,总体处于波动上升趋势;SRES-A1B 情景下,2011—2060 年淮河径流量年际变化幅度相对减弱,且变幅较大年份相对分散,仅在 2024—2037 年流域年平均流量显著降低;相对于前两种情景,SRES-B1 情景下流域内年平均流量的变率波动甚小,在情景期没有发生突变。

　　三种排放情景下流量的季节分析表明:春季平均流量在 2011—2060 年变幅最小,在 -15.1%~18.6% 小幅波动;夏季平均流量在 21 世纪 40 年代前呈下降趋势,之后以上升趋势为主,但是变幅均不大;秋季平均流量变幅在 SRES-A2 和 SRES-A1B 情景下比较明显,其中,SRES-A2 情景下 21 世纪 60 年代变化率达 -50.6%,为三种情景下四个季节平均流量下降幅度之最;冬季平均流量 SRES-A2 和 SRES-A1B 情景波动明显,均呈现先下降再升高后复下降趋势,其中,SRES-A1B 情景在 21 世纪 50 年代流量增幅达到 54.7%,亦为上升幅度之最。

　　观测期淮河径流序列存在一个约 7~8 年的显著周期,但是在 ECHAM5 情景下,根据模型预估的径流序列的周期普遍缩短,如 A2 情景下显著周期时间为 3~4 年,A1B 为 3~4 年,B1 为 5~6 年左右,这预示淮河流域在未来情景下可能出现频繁旱涝灾情,这将严重影响流域人民的生产生活。了解未来情景下淮河流域径流量的变化可以更好地为水资源管理规划等提供参考。

6 人类活动的水文效应分析

本章以淮河上游长台关地区为例,利用淮河干流长台关以上流域 DEM 数据,土壤数据,1980 年、1995 年和 2000 年三期土地利用资料及近 50 年气象、水文资料,结合 SWIM 模型,模拟分析在不同土地覆被情景下径流的产生及变化,从而研究土地覆被变化对径流的影响,分析人类活动导致的土地利用变化对径流的影响,分析人类活动的水文效应问题。

6.1 引 言

第四章、第五章讨论了淮河流域的温度、降水和径流的变化,而引起降水径流关系变化的主要原因有二:一是自然因素;二是人类活动因素。自然因素主要是气候变化,如从径流量变化趋势分析可以看出,淮河流域 1958—2007 年有微弱的下降趋势。人类活动对河川径流量的影响主要表现在两个方面:第一,直接影响,即随着经济社会的发展,河道外引用消耗的水量不断增加,造成河川径流量的减少;第二,间接影响,即由于工农业生产、基础设施建设和水土保持措施改变了流域的下垫面条件(包括植被、耕地、土壤、水面、潜水位等因素),导致产汇流条件的变化,从而造成河川径流量的减少。产流方面,人类活动主要是通过影响蒸散发、入渗等产流水量平衡要素来影响产流量;汇流方面,人类活动主要是通过改变流域调蓄作用来影响径流过程线的形状(韩瑞光等,2009)。

较长时间尺度上,气候变化对水文水资源的影响更加明显(曾小凡等,2007;苏布达等,2008),但短期内,人类活动引起的土地利用/覆被变化(Land Use /Land Cover Change, LUCC)是水文变化的主要驱动要素之一(夏军等,2002;Crokea *et al*,2004)。LUCC 改变地表植被截留量、土壤水分入渗能力和地表蒸发等因素,进而影响流域水文情势和产汇流机制,增大流域洪涝灾害发生频率和强度(邓慧平,2003)。LUCC 水文效应研究是目前乃至未来几十年的热点(Defries *et al*,2004),相关学者总结影响地表及近地表水文过程的 LUCC 过程在区域尺度上主要包括植被变化(陈军峰,2001)、农业开发活动（张蕾娜等,2004；黄明斌等,1999）和道路建设以及城镇化等(Bronstrert *et al*,2002)。径流能够反映整个流域的生态状况,也能用于预测未来土地利用/覆被潜在变化对水文水资源的影响（许炯心,1999),目前 LUCC 水文效应的研究主要侧重于对径流影响的研究（李文华等,2001;邱国玉等,2008)。

　　流域水文模型法是 LUCC 水文效应研究主要方法之一,流域水文模型能在一定程度上克服试验流域方法和水文特征变量在时间序列分析方法上的不足(陈军锋等,2004;Bewket *et al*,2005),并通过控制参数来控制影响水文效应的土地利用或气候的因素,分析获取其影响程度(陈仁升,2003)。

　　利用水文模型定量评估特定的 LUCC 对水量平衡要素的影响程度,通常采取情景分析的方法,即将过去及对比时段的土地利用状况作为情景变量输入模型,用模拟结果对比来表示 LUCC 对径流等的影响程度(De R A,2003)或者将土地利用状况及气候因子作为两个情景变量,固定其中一个变量,来模拟另一个变量的变化对径流的影响程度,从而定量区分气候波动与 LUCC 对流域径流变化的贡献率(陈军锋等,2004)。

　　Onstad 等（1970）最先尝试运用水文模型预测土地利用变化对径流的影响,随后该领域的研究日趋活跃(Bosch *et al*,1982;Parkin *et al*,1996;Bari *et al*,2005)。水文模型法不仅能考虑流域综合因素对水文过程的影响,而且可以灵活地调整气候或土地利用/覆被方面的个别或多个参数,从而有效地研究气候变化或 LUCC 的水文效应（Leavesley *et al*,1994；王中根,2003)。然而,目前该方面的研究仍处于起步阶段。

　　如何采取有效方法揭示 LUCC 对流域水文过程的影响,是目前亟待解决的问题。为避免人类活动对流域水文的直接影响,选择淮河上游长台关水文站以上地区为研究区(图 6-1),该研究区地跨安徽、湖北、河南三省,面积约 3 090 km²,区内地形较为复杂,海拔高度 40 m~1 770 m,地处山区受到直接取水调节等人类活动的干预较少,同时又是我国洪涝灾害频繁的地区之一,大暴雨不但频次高,年变率大,而且时空高度集中,降水量年际变化较大,最大年雨量为最小年雨量的 3~4 倍。降水量的年内分配也极不均匀,汛期(6—9月)降水量占年降水量的50%~80%。

图6-1 淮河上游长台关以上流域DEM及站点分布

本研究选取SWIM模型建立淮河上游长台关子流域降水径流关系,再选取1986年、1995年以及2000年三期不同土地利用/覆被变化情景对流域径流过程进行研究。采用"参数参照法",即选择一个受LUCC影响相对较少的时段作为基准时段,并用该时段的水文数据率定模型的参数,然后应用该参数,输入对比时段的实测水文数据运行模型,得到的模拟径流可以看做是隐含了基准时段的土地利用情景的"基准径流",实测径流和基准径流的差异可以用于定量分析LUCC对径流的影响程度。

6.2 水文效应研究方法及数据

6.2.1 研究方法

本研究首先利用1981—1985年降水、温度等数据对SWIM模型进行率定,用 1986—1990 年间降水、径流数据参验 SWIM 模型。为研究径流对不同土地利用类型情景的响应，将气候因子固定为 1980—2000 年数值，而将 1980 年、1995 年和 2000 年不同土地利用情景代入模型，研究不同土地利用下垫面情况下径流量的变化，所得径流量变化值即为不同土地利用类型单位面积对径流的影响。建立多元一次方程（公式 6-1），求解每平方千米不同土地利用类型对径流深的影响。

公式（6-1）中定义：R_n 为径流深，C_a、C_u、C_w 和 C_f 等为相应的单位面积（km^2）农业用地（An）、居民用地（Un）、水域（Wn）和森林（Fn）等土地利用/覆被所影响的径流深，其中，n 为不同时期，如 1980 年等。总径流深 R_n 即所有土地利用/覆被对于径流深的影响之和，当然，不同土地利用/覆被对于径流深的影响可为正的即增加径流量，也可为负的即削弱径流量，总径流深 R_n 可以用公式（6-1）表达：

$$R_n = C_a A_n + C_u U_n + C_w W_n + C_f W_n + \cdots \qquad (6-1)$$

分别把 n 年、m 年、p 年、q 年等（m、p 和 q 的意义同 n）不同土地利用情景和径流深数据代入公式（6-1）建立如下矩阵：

$$
\begin{bmatrix} R_m - R_n \\ R_p - R_m \\ R_p - R_n \\ R_q - R_p \\ \cdots \end{bmatrix} =
\begin{bmatrix}
A_m - A_n & U_m - U_n & W_m - W_n & F_m - F_n \\
A_p - A_m & U_p - U_m & W_p - W_m & F_p - F_m \\
A_p - A_n & U_p - U_n & W_p - W_n & F_p - F_n \\
A_q - A_p & U_q - U_p & W_q - W_p & F_q - F_p \\
\cdots & \cdots & \cdots & \cdots
\end{bmatrix}
\begin{bmatrix} C_a \\ C_u \\ C_w \\ C_f \\ \cdots \end{bmatrix} \qquad (6-2)
$$

由公式可计算出 C_a、C_u、C_w 和 C_f 等的具体数值，即为不同土地利用类型对径流深的影响，从而定量化地分析土地利用的水文效应问题。

6.2.2 数据选取

研究区 DEM 数据为 90 米分辨率的 SRTM 数据；降水、气温数据选取国家气象信息中心提供的淮河上游长台关以上流域及其周边四个国家基本气象站 1981—2000 年逐日实测数据（包含气温、降水等资料），所有数据均通过均一性检验（95%置信度）。长台关水文站是淮河上游重要控制站，因此选取长台关水文站作为径流控制站，水文资料由国家水文年鉴（1981—1990 年）提供。

选取中国科学院资源环境科学数据中心提供的 1980 年、1995 年和 2000 年三期研究区 1:10 万土地利用数据作为建立降水径流关系中的下垫面不同情景,输入 SWIM 模型,建立长台关流域 SWIM 土地利用水文效应研究模型。

6.3 淮河流域降水径流关系的建立

6.3.1 参数的输入

考虑水文控制站观测径流量连续性等情况,选取 1964—1974 年作为淮河上游长台关以上流域 SWIM 模型的率定、参验期,计算步长为 1 天;依据 DEM 数据将研究区分成 65 个子流域,再对流域内降水、气温等利用类似于 Kriging 插值方法进行插值运算,将土地利用信息、子流域特征、DEM、土壤最大含水量、流域河流汇流时间等信息输入 SWIM 程序,分别对 65 个子流域进行产汇流模拟,然后综合各子流域模拟结果,形成整个流域的径流模拟情况。

6.3.2 SWIM 模型的率定

模型选取 1981—1985 年的降水径流资料进行参数率定,1986—1990 年资料作为校核数据,更改主程序运算参数。使用由 Nash 和 Sutcliffe 提出的效率系数 R^2(公式 6-3)值来判断模型的适应性(Nash,1970),完美拟合时 R^2=1,一般当观测资料较好时 R^2 能够达到 0.8~0.95。

$$R^2 = \frac{\sum (QR - QR_{mean})^2 - \sum (QC - QR)^2}{\sum (QR - QR_{mean})^2} \tag{6-3}$$

式中,R^2 为效率系数;QR 为实测流量;QC 为计算流量;QR_{mean} 为率定期实测流量均值。

同时使用多年径流统计量相对误差来评价模型的模拟精度,相对误差 r 值越小表明模拟精度越高,且 r 为正值时表示计算流量高于实测流量,为负值则反之。

$$r = \frac{\sum QC - \sum QR}{\sum QR} \times 100\% \qquad (6-4)$$

以 1981—1985 年日降水径流资料对 SWIM 模型进行参数率定,率定后模拟结果如图 6-2a,R^2=0.68,r=1.2%。以 1986—1990 年日降水径流量进行参数验证,R^2=0.66,r=2.3%,验证结果如图 6-2b。图 6-2c 为流域降水—径流双累积曲线,双累积曲线是描述两参数间关系是否有趋势性变化的一种常用的方法。由图 6-2c 知,双累积曲线呈线性增加,表明流域 1986—1990 年间降水—径流关系较稳定。具体率定期、参验期的 R^2 和 r 见表 6-1。

由以上结果可知,模型经参数率定后,模拟结果达到较好的精度,相对误差仅在 3% 左右,模型具有较强适应性。率定后的 SWIM 模型可以进行土地利用 / 土地覆被变化对于长台关流域径流量的影响研究。

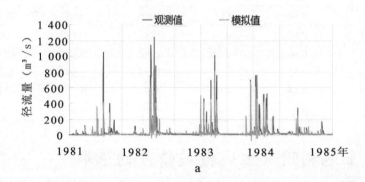

a

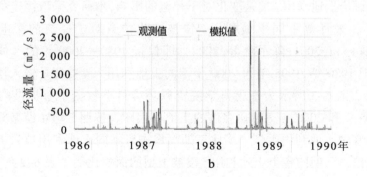

b

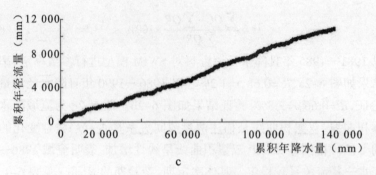

图 6-2 长台关流域 1981—1985 年率定期、1986—1990 年校验期
观测值与 SWIM 模拟值及 1981—1990 年降水—径流双累积曲线

表 6-1 长台关流域 SWIM 模型误差参数

年份	R^2	r	年份	R^2	r
1981	0.58	0.15	1986	0.68	0.15
1982	0.68	−0.03	1987	0.59	0.04
1983	0.86	−0.06	1988	0.59	−0.03
1984	0.62	0.04	1989	0.64	0.03
1985	0.43	−0.03	1990	0.67	−0.03
小计	0.68	0.06	小计	0.66	0.02

6.4 土地利用 / 土地覆被情景的选取

为讨论土地利用 / 覆被变化对于径流的影响,本研究采取固定气候变化因子,来计算不同土地利用 / 覆被变化情景对于径流的影响程度(Conway *et al*, 2001;陈军峰等, 2004),即保持 1980—2000 年的气候因子不变,把 1980 年、1995 年和 2000 年不同土地利用 / 覆被情景输入模型进行模拟。图 6-3 所示为中国科学院资源环境科学数据中心提供的 1980 年、1995 年和 2000 年三期研究区的土地利用图,按照 SWIM 模型要求可归并为 9 种土地利用类型,据此三期图像进行不同土地利用情景下降水径流模拟。三期的各类土地利用 / 覆被类型的面积比例见表 6-2。

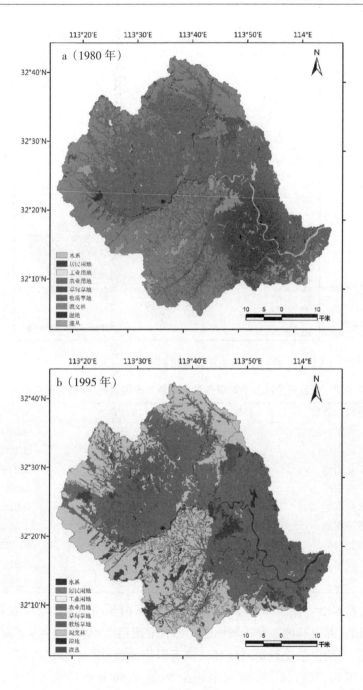

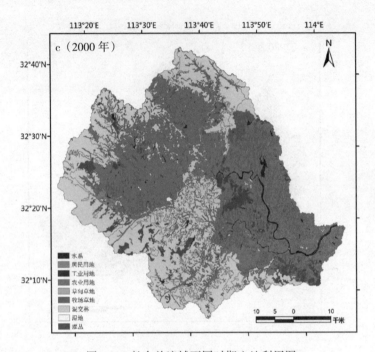

图 6-3　长台关流域不同时期土地利用图

表 6-2　长台关流域三个时期各类土地利用类型面积比（占总面积百分比）

土地利用类型	1980 年	1995 年	2000 年
水系	2.85%	2.45%	3.85%
居民用地	1.68%	2.52%	5.40%
工业用地	0.00%	0.40%	1.00%
农业用地	46.01%	54.27%	42.52%
草甸草地	0.01%	0.01%	0.01%
牧场用地	1.78%	1.78%	1.56%
混交林	42.39%	33.34%	40.39%
湿地	0.02%	0.01%	0.01%
灌丛	5.26%	5.22%	5.26%

　　从表 6-2 可知,1980—2000 年间,研究区内土地利用类型中农业用地、居民用地、混交林地等变化较明显。如农业用地在 1980—1995 年间增速很快,但是后期由于受到退耕还林政策等影响,农业用地锐减,而混交林等林业用地增速很快;其次是居民用地在 20 世纪 90 年代后期的扩大,主要由

集镇化等城市化进程（如新建开发区等）加快建成区面积扩展导致。

6.5 土地利用变化水文效应分析

将土地利用数据输入 SWIM 模型，建立不同时期研究区降水径流关系，模拟得出 1980 年、1995 年、2000 年三期土地利用 / 覆被情景下的淮河流域长台关水文站径流量（用径流深代替）如表 6-3。三期情景下模拟值的差异可能主要与输入土地利用类型情景的不同有关。

表 6-3　长台关流域 SWIM 模型 1980、1995、2000 年土地利用 / 覆被情景径流模拟值

	1980 年情景	1995 年情景	2000 年情景
模拟值	195.62	210.34	172.04
实测值	217.16		
模拟量变化值		14.72	−23.58

注：径流量用径流深代替，单位为毫米。

由于气候变化因子等其他输入条件相对固定，SWIM 模型模拟得出的径流深的变化为不同土地利用情景所致。研究区中土地利用情景主要变化类型为农业用地、居民用地和混交林地等三大要素（见表 6-2）。因而此三大要素的变化对径流深（R_n）的影响可以建立方程，从而计算得出农业用地（A_n）、居民用地（U_n）和混交林地（F_n）等各自变化值的贡献率。

$$R_n = C_a A_n + C_u U_n + C_f F_n \qquad (6-5)$$

式中，C_a、C_u 和 C_f 分别代表每平方千米农业用地变迁、居民用地变迁和混交林地变迁等对径流量影响程度。分别把 1980 年、1995 年和 2000 年的农业用地面积、居民用地面积和混交林地面积代入 A_n、U_n 和 F_n，同时将模拟得出的三期径流深代入建立如下矩阵：

$$\begin{bmatrix} R_{1995} - R_{1980} \\ R_{2000} - R_{1995} \\ R_{2000} - R_{1980} \end{bmatrix} = \begin{bmatrix} A_{1995} - A_{1980} & U_{1995} - U_{1980} & F_{1995} - F_{1980} \\ A_{2000} - A_{1995} & U_{2000} - U_{1995} & F_{2000} - F_{1995} \\ A_{2000} - A_{1980} & U_{2000} - U_{1980} & F_{2000} - F_{1980} \end{bmatrix} \begin{bmatrix} C_a \\ C_u \\ C_f \end{bmatrix} \qquad (6-6)$$

将相关数据输入公式得出：C_a=0.102 26、C_u=0.089 08 和 C_f=−0.152 44。即每平方千米农业用地、居民用地和混交林地等土地利用变化对径流量的影响程

度。据此可以计算分析淮河干流长台关以上流域主要土地利用类型对径流深影响程度,如分析混交林地的增加导致径流深的减少等,而居民用地对于径流深的促进作用亦是很明显的。从数值绝对值比较而言,混交林地变化对径流量的影响绝对值大,农业用地次之,居民用地最小,可知,径流深对混交林变化相对较为敏感,大于农业用地和居民用地等。对水域而言,影响径流深变化的程度不是十分显著。在研究区诸如草地、湿地等土地利用类型变化不是十分明显,本书不做讨论。

关于土地利用等变化对水文的影响研究,孙宁(2008)以北京潮河流域上游地区为研究对象,得出林地面积的增加将明显减少年径流量的结论,与本书研究结论一致;葛怡等(2003)、史培军等(2001)用 SCS 水文模型对上海和深圳地区居民建设用地引起的地表径流变化、洪峰流量以及径流系数变化进行了研究,研究表明城镇化所带来的土地利用变化是流域内径流发生变化的重要原因之一;秦莉莉(2005)等采用 L-THIA 城市水文模型,以浙江临安市南苕溪以上流域为研究对象,定量分析了城镇化对径流的长期影响,研究表明在相同的雨量情况下,下垫面条件的变化是导致径流量变化的主要因素,都将增加流域年径流量大小等,这些研究与本书得出的结论一致。

6.6 小 结

本研究利用淮河干流长台关以上流域 DEM 数据,土壤数据,1980 年、1995 年和 2000 年三期土地利用资料及近 50 年气象、水文资料,结合 SWIM 模型,模拟分析在不同土地覆被情景下径流的产生及变化,从而研究土地利用/覆被变化对径流的影响,得出如下结论:

利用 SWIM 模型建立的淮河干流长台关以上流域降水—径流关系,经过率定后系统相对误差在 3% 左右,纳希效率系数较高,达 0.68 以上。SWIM 模型也可对单个洪水期或枯水期进行模拟,发现洪水期模拟效率系数较高,如 1983 年 R^2 可达 0.86 以上,枯水期 R^2 的值将会下降,如 1985 年 R^2 仅 0.43。

分析三期不同土地覆被情景输入 SWIM 模型的结果,计算淮河干流长台关以上流域农业用地、居民用地和混交林地等对径流影响的程度,得出农业用地对径流影响程度要高于居民用地,即研究区农业用地增加将会带来径流量增加。陈军峰(2004)等人得出了相似的研究结论,但也有学者(Lorup et al, 1997)研究认为:农业开发活动具有减少年径流量和洪峰流量的作用,与本书研究结论不一致。导致此种问题的关键原因可能是研究区情况的差异,淮河上游地区以旱作农业为主,其毁林开荒进行农业生产之后,降水转化为径流的过程简化加快,导致农业用地增加径流量,而在一些湿润地区,以稻米种植等为主的农业结构,农业用地的增加,种植水稻等作物的农业需水量等增加,汇入河流等的水量减少,进而导致径流量的减少。对于此种现象内在机理的分析将是进一步研究的方向。

其他土地利用类型(如草地、湿地、裸露岩石等)在研究区变化不是十分明显,因而有待后续研究中选择不同研究区继续研究。

研究土地利用/土地覆被变化对淮河干流长台关以上流域径流的影响有助于认识人类活动(合理利用土地)对水资源的影响,对确定现代水管理概念,建立合理的管理体制具有十分重要的战略和现实意义。

7 气候水文要素研究的不确定性问题讨论

本章从观测台站数据、预估数据、水文模型、DEM 空间分辨率等角度分析气候水文要素研究中存在的不确定性问题。

7.1 气候要素不确定性

7.1.1 观测台站数据

地面气象台站观测数据是研究流域尺度乃至全球尺度的气候变化与预测、天气动力分析、数值天气预报模式研究、资料同化的基础,是雷达与卫星定标、水文设计、农业决策的重要依据。而获取高质量的持续性的观测数据对气象台站所处的自然环境有着严格的要求,一般说来,气象台站的地址应选在能代表其周围大部分地区天气、气候特点的地方,尽量避免小范围和局部环境影响,同时地处当地主导风向的上风方,避开山谷、洼地、陡坡等地。观测场要求四周平坦空旷并能代表周围的地形,观测场周围十米范围内不能种植高秆作物、建筑等,以保证气流畅通。另外,一个气象台站建成之后,要长期稳定,不要轻易搬迁,因为搬迁会影响观测资料的连续性,影响使用。然而随着社会经济的发展,淮河流域的城市化迅速,有些台站原本地处城市郊区,但现在多数已经成为市中心所在地,经历多次搬迁等现象普遍存在,这些将导致气象台站观测数据质量的下降。

同时,在研究淮河流域气候变化过程中,选择气象台站数量上的差异也会造成研究结果的差异,本研究选择淮河流域加密气象站点作为淮河流域观测期气候变化研究数据来源,站点数共有 185 个(图 7-1),平均约 1 530km² 范围内一个气象站点。而在研究淮河径流量变化时,选择蚌埠水文站以上流域的 84 个加密站资料(图 7-1),平均 1 420km² 范围内一个气象站点,平均约 38 km × 38 km 的网格就有一个气象站点。从图 7-1 可知,气象台站点分布相对较为均匀,能较好地反映流域气象特征。

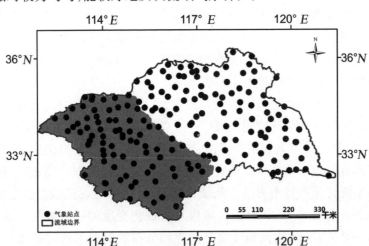

图7-1 淮河流域气象站点分布

而不同的气象站点的选择,得出的结果可能有所差异,张爱民等
(2002)在研究淮河流域气候变化及其对农业的影响时仅仅选择了淮河流
域的阜阳、宿县、蚌埠、六安、合肥等五个站点的气象观测值,得出淮河流域
降水量在20世纪90年代相对偏多,而从全流域185个加密站得出的结论
是20世纪90年代并未出现明显增多趋势,甚至在1958—2007年间淮河
流域的降水没有明显变化趋势。当然,张爱民等人的研究结论与本书研究
的结论基本上是一致的,如温度都是自20世纪90年代以来增温迅速,尤
其是冬季增温幅度较大等结论均一致。

对于降水、气温等气象要素的研究,基期的选择也很重要,本研究选取
1961—1990年平均态为基期,近年来的研究有许多选择1971—2000年为
基期的。由于1990—2000年是一个全球温度上升相对较快的时期,基期改
变导致的基期平均态数值的提高可能带来温度升高值的下降等情况的出
现,这可能导致分析结果的差异,引发研究中不确定性的增加。

在径流研究中,输入水文模型的数据差异也会造成研究的不确定性,
如选择气象台站数量不同造成的降雨数据空间差异。张雪松等(2004)通过
对黄河下游洛河卢氏水文站以上流域研究表明,相同气象台站密度条件
下,选取不同的气象台站分布对流域径流模拟结果影响不同,在面降水量

接近但降水空间分布相差较大的情景下,径流量模拟值相差较大;陈利群等(2005)研究得出气象站点所处空间位置的高程值、坡度和坡向都影响着模拟产流量;Chaplot 等(2005)研究气象站点数量对径流模拟的影响,研究表明丰富的气象站点有助于提高模型模拟效率,但单一的气象站点对于月径流模拟效率的影响程度并不显著。

在利用气象站点进行研究的过程中,常常需要寻找比较合适的插值方法来将气象站点数值插值到流域中心或者子流域中心。空间数据插值有多种方法,主要有反距离权重插值法、普通克里格(Kriging)插值法、三角网插值法和泰森多边形法等。本研究选择普通克里格插值方法,Kriging 插值是一种基于统计学的插值方法。从统计意义上说,Kriging 插值方法是从变量相关性和变异性出发,在有限区域内对区域化变量的取值进行无偏、最优估计的一种方法;从插值角度讲是对空间分布的数据求线性最优、无偏内插估计的一种方法。不同的插值方法也可能造成研究结果的差异。

7.1.2　预估数据

气候变化情景的不确定性。气候变化情景是建立在一系列科学假设基础之上对未来气候状态的时间、空间分布形式的合理描述。气候变化情景可分为增量情景和基于气候模式模拟的情景。增量情景是根据基准气候对不同气候因子进行简单的算术调整,这是研究生态系统响应气候变化的敏感性和脆弱性的简单而有效的方法。但由于增量情景包含了强制的调整,从气象学上来说可能是不真实的。如:根据未来气候可能的变化范围,任意给定气温、降水等气候要素的变化值,例如假定年平均气温升高 1 ℃、2 ℃、3 ℃、4 ℃等,年降水量增加或减少 5%、10%、20%等。每一种气温与降水的可能状况的组合就构成区域未来气候的一种情景。

目前常用的情景是基于大气环流模式(GCMs)模拟的未来气候变化情景。这些大气环流模式将假设的未来温室气体排放情景作为模式输入,这些假设的排放情景是根据一系列驱动因子(包括人口增长、经济发展、技术进步、环境变化、全球化、公平原则等)的假设提出的未来温室气体和硫化物气溶胶排放的情况,进而得到一系列未来可能发生的气候情景。

未来气候变化情景一般是用气候模式做数值试验得到的,目前已有的全球气候模型具有一定的模拟全球、半球和纬向平均气候条件的能力。尽管不同气候模式可以给出较为一致的未来气候变化趋势,但不同气候模式输出的气候情景结果存在较大的差异,尤其是在日尺度上,对一些极端天气事件模拟的能力更差。未来气候变化情景的不确定性是造成气候变化研究不确定性的主要原因之一。

目前,各类气候系统模式预估的未来气候变化存在不确定性,主要原因在于:第一,地球气候系统的复杂性,现阶段人类对其理解有限;第二,在未来温室气体排放情景方面存在的不确定性,包括温室气体排放量估算方法、政策因素、技术进步和新能源开发方面的不确定性;第三,气候模式发展水平的限制引起的对气候系统描述的误差,以及模式和气候系统的内部变率,后者可以通过集合方法减少;第四,用于检验气候模式结果的观测资料不足;第五,在区域级尺度上,气候变化模拟的不确定性更大,一些在全球模式中可以忽略的因素,如植被和土地利用、气溶胶等,都对区域和局地气候有很大影响。

高歌(2008)利用淮河流域 1961—2000 年历史月气候资料和美国 GFDL_CM2_1、日本 MRI_CGCM2_3、英国 UKMO_HADCM3、德国 MPI_ECHAM5 共四个 CGCMs 的三种 SRES 排放情景(A2、A1B、B1)下未来降水和气温情景数据研究淮河流域的气候变化,得出气温增加较为明显,降水有增加趋势的结论。本研究利用 NCAR-CCM3、CSIRO_MK3 和 ECHAM5/MPI-OM 模式分析淮河流域未来气候变化,得出的气温升高趋势与高歌(2008)的研究结论较为一致(详见第五章图5-1);但是关于降水研究趋势,本研究的三个模式数据显示未有明显趋势(详见第五章图5-2),这些有差异的结论的产生主要与气候模式的选取等有密切关系。

由此可见,根据多个 CGCMs 对未来淮河流域气候模拟结果分析表明,淮河流域研究区域气候总体上将趋于暖湿。但各模式及其不同排放情景下的未来气候模拟结果又有很大的不同,结果存在很大的不确定性,降水尤为明显。

当然,得出未来气候变化预估结果的差异不仅仅体现在模式的选择上,还有可能存在应用技术的不确定性,如降解(downscaling)技术,全球气候模式的输出尺度较大,通常是几个纬度和经度大小的网格,而流域范围常常较小,通常一个流域的网格数目有限,这个就需要进行降尺度处理。高歌(2008)等在研究淮河流域气候变化时将CGCMs模拟的格点值通过双线性插值方法降尺度到30 km×30 km的网格上,进行淮河流域气候变化的研究,而本书是将三个模式的数据直接插值到加密站点上,然后统计加密站点的温度、降水等信息,来预估淮河流域未来气候变化情景。

同样,在预估未来径流量变化的水文模型应用中,由于流域下垫面条件的不均匀性,流域水文模型尺度一般较小,常常是千米级的,因此很难直接应用全球气候模式输出结果进行流域水资源未来情势的评价。全球气候模式尺度大、区域气候模式尺度小、水文模型尺度更小,即在应用中尺度不相匹配的问题。流域气候变化情景是全球气候模式输出数据通过降尺度处理得到的,因此全球气候模式输出结果的不确定性直接导致流域气候变化的不确定性。另外,相同的全球环流模式(GCMs)预测结果,采用不同的降尺度处理方法也将得到不同的预估气候情景。因此,降尺度技术的不确定性也是流域未来气候变化情景和径流量预估模拟结果不确定的原因之一。

7.2 水文模型的不确定性

7.2.1 水文模型结构

径流量的未来情景预估研究中流域水文模型的选择也是引起预估不确定性的重要原因之一。由于水文模型将高度复杂的水文过程概念化与抽象化,采用相对简单的数学公式来描述复杂的水文过程,往往会出现"失真",这必然导致水文模型的不确定性。原因可以概括为参数定义范围不明确、输入输出误差、模型自身结构缺陷等(王林,2008)。具体来说就是,水文模型进行预报必须具备以下三要素:①气象输入,反映气象条件在流域上的时空分布。②水文模型,用于定量描述一定时空尺度的水文过程。Kannan等(2007)通过结合模型本身提供的不同的潜在蒸散发和径流方式,并耦合影响径流模拟的敏感性参数,模拟效率的校准和验证时段的比较,旨在选取适用于流域模拟的蒸发和径流模式。最后认为,利用曲线指数(Curve

Number,CN）的径流方式和 HS（Hargreaves-Samani）蒸散发相结合的方法用于日径流模拟效果最好。③参数，水文模拟基于流域空间地形、土壤类型及土地利用参数，其准确性有赖于输入数据对流域特征的描述（Sivapalan *et al*,2003）。

高歌（2008）采用新安江月分布式水文模型,结合 1961—2000 年历史月气候资料和四个 CGCMs 的三种 SRES 排放情景（B1、A2、AIB）下未来降水和气温情景模拟结果，对过去淮河流域的径流进行模拟检验并对未来2011—2040 年的径流影响进行评估,得出未来淮河径流量可能存在下降趋势；本研究采用 NCAR-CCM3、CSIRO_MK3 和 ECHAM5/MPI-OM 三个气候模式的九个未来情景,借助 SWIM 模型研究得出淮河流域九个未来情景的淮河径流量变化的平均值，显示未来淮河流域径流量可能存在增加趋势（详见第五章图 5-7）。这一较大差异结果的出现与气候模式密切相关,与水文模型对流域产汇流关系的描述也有很大联系。

7.2.2　水文模型率定过程

模型预报的不确定性来自三个方面，即气象输入、模型结构和参数的不确定性。水文模型的不确定性研究是当今水文科学研究的一个热门和前沿课题。

模型参数理论上可由野外实测确定，但实际上因缺乏实际观测数据支持，往往需要通过率定手段来获得。但无论采用何种率定方法，一般都用一组"最优"参数来预报结果，存在不确定性。模型参数不确定性分析是水文模型不确定性研究的重要内容之一。参数的不确定性（parameter uncertainty）主要体现在异参同效问题（equifinality）上，即不同的参数组合能得到相同的模拟结果。

本研究在对 SWIM 模型的调参过程中,即出现异参同效问题,如:SWIM的参数 cnum1、cnum2 对径流模拟变化不敏感,调整大小对模型模拟效果影响不大，而 cnum3 影响较大,数值在 75~95 变换明显,尤其以大于 90 以上对径流模拟效果好，而低于 65 则会严重地影响模拟效果，尤其是影响峰值；roc3 对模拟径流量的基流影响较大,roc2、roc4 对模拟效果影响不大；gwq0 数值在 0.1 以下影响不大,超过 0.1 则对模拟效果影响较大。这反映了调参过程对径流模拟效果有着较大的影响,但是不同参数组合却能达到较

表 7-1　长台关流域纳希系数为 0.68 时 SWIM 模型主要调参值

参数	名称	范围	组合一	组合二
roc2	routing coefficient	1 ~ 100	0.25	0.25
roc3	routing coefficient	1 ~ 100	90	90
roc4	routing coefficient	1 ~ 100	5	20
thc	evaporation coefficient	0.5 ~ 1.5	0.51	0.01
cnum1	curve number	10 ~ 100	10	1
cnum2	curve number	10 ~ 100	35	45
cnum3	curve number	10 ~ 100	93	90
abf	groundwater recession rate	0.01 ~ 1	0.6	0.01
gwq0	iritial conditions	0.01 ~ 1	0.01	0.01
bff	baseflow factor for return flowtravel time	0.2 ~ 1.0	0.2	0.1
chwc0	coefficient to correct channel width	0.1 ~ 1	0.1	0.2
sccor	saturated conductivity	0.01 ~ 10	0.6	0.6

为一致的纳希系数结果,这增加了模型模拟过程中的不确定性问题。

　　基于 GIS 的流域分布式水文模型模拟结果对空间数据的质量和分辨率具有一定的敏感性(Helge *et al*,2008)。基于 DEM 的流域分布式水文模型也是现今水文模型研究的热点问题,研究表明不同水平分辨率 DEM 对流域坡度值提取影响明显,导致受长度和坡度因素影响的流域汇流时间和滞时等有较大差异(吴险峰等 2003;任希岩,2004;Chaplo *et al*,2005);Diluzio 等(2005)利用 DEM、土壤、土地利用的空间数据耦合成 12 种下垫面条件,得出流域各空间数据的精度均会影响径流模拟的效率,不同分辨率的 DEM 数据可能导致流域水文模拟的差异较大。

7.3　数据空间分辨率的影响

7.3.1　引言

　　美国麻省理工学院 Chaires L Miller 教授 1956 年提出数字地形模型 DTM(Digital Terrain Model)的概念,其实质是在满足一定精度条件下,利用摄影测量或其他技术手段获得的地形高程数据。用离散数学的形式进行表示,DTM 是利用一个任意坐标场中大量选择的已知的 (x,y,z) 坐标点对连续地面的一个简单统计表示。DTM是反映地形特征的一系列数字组件,如:坡度、坡向、高度带等。DEM是DTM的组件之一,它是描述地面高程值空间分布的一组有序数组。

DEM的应用,促进了分布式流域水文模型的快速发展(Vieux,1993;Wolock,1994;闫国年,1998;Erskine,2006),为表示流域地表三维特征提供了有效的工具。DEM不但可以从栅格高程资料中自动提取流域的几何特征值、河网、坡度以及流向等,而且还可以很方便地为分布式流域水文模型划分计算单元(Bloschl *et al*,1995;Giuseppe *et al*,1997;贾仰文,2004;Wu,2007)。①基于单元网格(grid)的划分,是分布式水文模型比较常见的做法(许捍卫,2008;张旭,2009)。该种划分方法根据研究区的不同,可细分为两类:一类是对于较小的实验场或小流域(几百平方千米以内),直接用DEM网格划分。每一个网格的大小一般为30 m×30 m或50 m×50 m等。该类方法在一些小尺度分布式水文物理模型(如SHE模型等)中比较常用。另一类是针对几十万到几百万平方千米的大流域,如一些大尺度的分布式水文模型,通常将研究区划分为1 km×1 km或更大的网格。②基于山坡(hillslope)的划分,即将分布式水文模型的最小计算单元落脚于一个矩形坡面(张微微,2007;龙恩,2008)。首先根据DEM进行河网和子流域的提取,然后,基于等流时线的概念,将子流域分为若干条汇流网带,在每一个汇流网带上,围绕河道划分出若干个矩形坡面。在每一个矩形坡面上,根据山坡水文学原理建立单元水文模型,进行坡面产流计算。最后,进行河网汇流演算。③基于自然子流域(sub-basin)的划分(王艳君,2008)。目前DEM能够自动、快速地进行河网的提取和子流域的划分。自然子流域作为分布式水文模型的计算单元,最大好处是单元内和单元之间的水文过程十分清晰,而且可以很容易地将单元水文模型引进到传统水文模型中,从而简化计算,缩短模型的开发时间。DEM具有的独特功能,使其在流域水文模拟及其他水文分析和计算中得到了越来越广泛的应用。Moore(1981)等将等高线格式的DEM应用于水文及生态方面,O Callaghan(1984)利用等高线格式确定流域的饱和区域。具有空间结构的流域水文模型,也越来越趋向于以DEM为基础,很多已有的模型均经过改进以适应这种资料类型。新研发以及经过改进的模型很多,如Fortin、Wigmosta、Julien、Garrote、DEsconnets以及

Olivera 等所研发的流域水文模型。DEM 的出现以及流域水文模型与 RS、GIS 的综合,极大地促进了分布式流域水文模型的快速发展。可以说基于 DEM 的分布式流域水文模型,代表流域水文模型的发展方向(Wolock,1994;Bloschl,1995;熊立华,2002;Erskine,2006)。

目前,针对特定的研究区可以很方便地通过不同技术方法和各种渠道得到不同分辨率的 DEM 数据,从而提取出不同的地形信息和流域信息。如何从这些不同分辨率的 DEM 数据中选择最佳的数据精度并将其用于水文模型以达到最佳的模拟效果,是建立流域分布式水文模型过程中首先需要解决的问题。本书研究 DEM 分辨率对地形信息提取及其对 SWIM 模型模拟结果的影响。

7.3.2 资料来源与研究方法

以淮河上游长台关水文站以上地区为研究区,地跨安徽、湖北、河南三省,面积约 3 090 km² (见第六章图 6-1),区内地形较为复杂,海拔高度 40 m~1 770 m,有大小汇入支流 10 余条。长台关水文站是淮河上游重要控制站,防汛任务责任重大,担负着向国家、淮河委员会等部门提供水文情报的重要任务。

研究区 DEM 数据为 90 米分辨率的 SRTM 数据;降水、气温数据选取国家气象信息中心提供的淮河上游长台关水文站以上地区及其周边 10 个加密气象站 1950—2008 年逐日实测数据(包含气温、降水等资料);长台关水文站水文资料来源于国家水文年鉴(1964—1989 年);土地利用数据选取中国科学院资源环境科学数据中心提供的 1980 年研究区 1:10 万土地利用数据;土壤数据来源于联合国粮农组织的全球土壤数据库。

使用 ERDAS IMAGE9.1 软件对研究区 DEM 进行不同分辨率的退化处理,获取研究区 90 m~1 000 m 分辨率的 DEM 数据(图 7-2);将获取的 DEM 数据使用德国波茨坦气象影响研究所研发的 SWIM 水文模型中的子流域划分等模块,划分获取不同分辨率的流域信息。SWIM 模型是在 SWAT(Arnold *et al*,1993&1994)和 MATSALU(Krysanova *et al*,1989)模型的基础上进行开发的。该模型可为中、大尺度(100 km²~10 000 km²)的水文水质模拟提供一个基于 GIS 的综合研究工具,模型与土地利用和气候变化的直接联

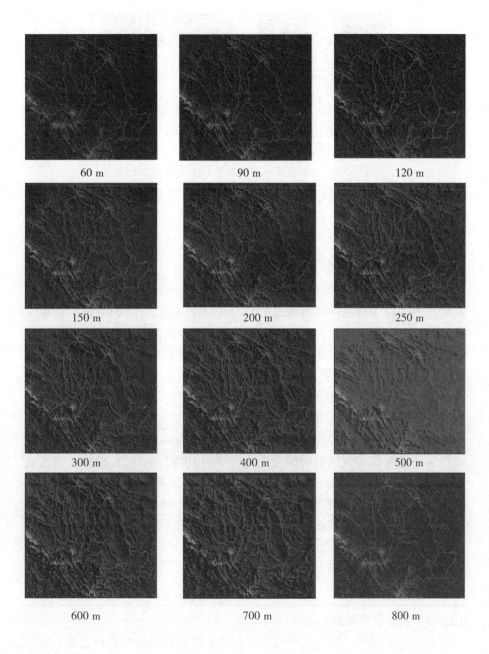

900 m   1 000 m

图 7-2　长台关流域不同分辨率 DEM 及子流域划分

系使其能分析这些变化对水文、农产品产量和水质造成的影响。

7.3.3　流域信息提取

7.3.3.1　DEM 分辨率的选择

在基于 DEM 水文模型研究中，一个重要的问题是如何选择合适的空间分辨率。对于研究中尺度流域的长台关以上地区，合适的分辨率在水文过程建模中有着根本性的意义。很多学者采用栅格面积与河网参考面积的比值作为参考值，指出该比值小于 0.05 时提取的流域信息比较可靠（Garbrecht *et al*,1994；Wu *et al*,2007）。由于河网参考面积的计算依赖于最小水道给养面积和最小水道长度值,具有不确定性,故本研究采用栅格面积与流域面积的比值(G/A)作为参考值。

同时,Maidment(1996)建议使用"thousandmillion"作为一个经验公式来选择与一定面积的流域对应的合适分辨率的 DEM(表 7-2),根据研究区流域面积大小推荐了 DEM 最佳分辨率和子流域面积等。

表 7-2　推荐应用的典型 DEM 分辨率(Maidment,1996)

线性单元的尺寸(m)	单元面积(km²)	分流域面积(km²)	地区或流域面积(km²)
30	0.000 9	1	1 000
100	0.01	10	10 000
200	0.04	40	40 000
500	0.25	250	250 000
1 000	1	1 000	1 000 000

7.3.3.2　汇水面积阈值的选择

上游汇水面积是指流入某网格单元的水流流经的所有面积之和。每个单元的汇水面积为该单元的汇流累积单元总数乘以单元面积。只有上游汇水面积达到某一个阈值,才能形成河网。因此,在提取河网时,首先要确定一个网络是不是河道的一部分,给定一个汇水面积阈值,凡是汇水面积大于该阈值的网格,均为河网内的网格,将这些网格连接起来,就形成了流域河网(孙崇亮,2008)。

选取不同的汇水面积阈值,将得到不同的河网,具有很大的随意性,随着汇水面积阈值的变化,生成的河网密度、流域级数及各级河流的长度都将发生较大的变化,这就需要确定合适的汇水面积。

现行的流域分割采用恒定阈值法,即依靠个人经验或与精确的水系图反复比对确定阈值(Gardner et al,1991),沿水流方向将上游格网单元的水流累积量大于设定阈值的格网连接起来,形成流域网络。这种人工率定的阈值具有很大的不确定性。也有学者从坡度和面积指数的关系定量分析流域阈值,但其精度受实际流域地形地貌、土壤和气候的影响较大(Dietrich,1993)。因此,本研究采用适度指数法(Wen,2006),即通过计算流域水系流向起点的观测值和计算值之间的长度误差来设置合理的阈值。适度指数公式如下:

$$F = \frac{\sum_{s=1}^{n}(L_i)_s + \sum_{s=1}^{n}(L_r)_s}{L_T} \qquad (7-1)$$

其中:L_i 是不足的水流长度,L_r 是多余的水流长度,L_T 是河流水系总长度,S 代表多余或不足的水流长度的河段,n 是多余或不足的水流长度的河段总数。当 F 值最小时,认为其对应的流域阈值最合理。

根据计算机判识及经验,分别以集水面积阈值 100 km²、200 km²、500 km² 从 DEM 上提取河网。可以得出,阈值越小,河网结构越复杂;反之,河网结构越简单。通过投影变换和影像配准,将这三幅图依次叠加到同区域的 TM 遥感影像上,利用 ArcGIS 软件可以快速确定河流的流向起点,分别统计每幅图上多余和不足的水流长度,利用式(7-1)计算值。通过插值处理,将值与对应的阈值做函数拟合,认为曲线最低点对应的阈值 300 km² 最合理。为了验证该值的合理性,将该阈值提取的河网与数字水系图进行叠加分析,发现提取出的河网结构与数字化水系基本吻合,可见该方法具有较强的可靠性,则后续 14 个分辨率的 DEM 都按照汇水面积 300 km² 的阈值进行划分计算流域信息。

7.3.3.3 流域面积

以地形图量测的流域面积(据刊印的水文年鉴资料)作为参考,分析由 DEM 得出的流域面积与实际使用面积间的变化。不同分辨率 DEM 得出的流域面积的计算值见表 7-3,图 7-3 反映了其差异性。

表 7-3 长台关流域不同分辨率 DEM 划分子流域信息

栅格	最大高程(m)	最小高程(m)	平均高程(m)	高程标准差	栅格数	G/A	面积(km²)	最大坡度	平均坡度	坡度标准差	Sub-basin
60	1 112.91	69	589.95	303.12	847 016	0.019	3 049.258	84	3.62	7.746	13
90	1 112.91	69	590.95	303.12	376 783	0.029	3 051.942	81	3.338	7.394	13
120	1 104.94	69	586.97	300.81	212 267	0.039	3 056.645	78	3.081	7.116	11
150	1 105.93	69	587.47	301.1	136 001	0.049	3 060.023	74	2.867	6.788	13
200	1 103.94	69	586.47	300.52	76 756	0.065	3 070.24	69	2.621	6.346	13
250	1 082.03	69	575.51	294.16	49 178	0.081	3 073.625	65	2.413	5.921	15
300	1 067.09	69	568.04	289.82	34 297	0.097	3 086.73	60	2.251	5.512	15
400	1 082.03	69	575.51	294.16	19 279	0.129	3 084.64	51	2.08	4.896	11
500	1 043.18	69	556.09	282.88	12 414	0.161	3103.5	45	1.842	4.387	17
600	1 019.27	69	544.14	275.93	8 710	0.1913	3135.6	38	1.695	3.994	17
700	1 082.03	69	575.51	294.16	6 385	0.223	3 128.65	35	1.547	3.577	15
800	1 022.26	69	545.63	276.8	4 993	0.250	3 195.52	29	1.443	3.296	17
900	1 051.15	69	560.07	285.19	3 915	0.283	3 171.15	29	1.357	3.069	15
1000	965.48	69	517.24	260.31	3 227	0.309	3 227	24	1.291	2.827	15

由计算结果得出:

①与实际地形图量测值 3 090 km² 相比,分辨率为 300 m 的 DEM 划分的流域面积最接近实际流域面积,其他 13 个分辨率 DEM 得出的面积在 3 090km² 上下浮动,但是幅度较小,为 +4.43% ~ -1.32%。产生这种差异的原因,在于流域界线的确定,由于 DEM 网格在分水岭附近产生一种均化的作用,而精确的地形图往往能更细致地反映分水线附近地形的变化,从而产生二者计算值的差别,因而合适分辨率的 DEM 选取对于流域特征的描述极其重要。

②不同分辨率 DEM 相互间的比较,取各分辨率划分流域平均值作为标准,比较流域面积,变化幅度为 +3.87% ~ -1.85%。随着分辨率网格的增

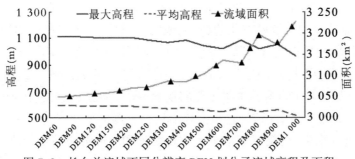

图7-3　长台关流域不同分辨率DEM划分子流域高程及面积

大，流域的面积相应增大，网格500 m以下DEM划分的流域均小于平均值，而大于500 m的DEM反之，且在600 m~1 000 m的范围内，变幅相对较大。对生成的流域图进一步分析，产生这种差异的原因主要在于流域边界的处理上。流域边界地形往往变化较大，网格大小的不同就会产生单元网格的不同流向，从而导致汇水面积的差异，总体而言，网格越大，产生的误差相应越大。

7.3.3.4　高程信息

从图7-3可知，伴随着DEM分辨率的提高，划分出来的流域面积将会波动增加，相应的流域最高高程和平均高程却波动降低。首次出现波动的分辨率是250 m~300 m，反映出虽然流域面积有所增加，但是流域边界扩展的部分不是向着高海拔地区扩展，伴随着DEM分辨率的进一步提高，这种波动幅度加大，流域信息的不确定性增加，此分辨率的DEM已经不能反映流域特征。而流域分辨率在60 m~200 m时，流域最大高程、流域平均高程的变化斜率很小，保持一定的稳定性，流域面积的增速亦很缓慢，但是到250 m分辨率后开始出现波动，到700 m分辨率时波动幅度陡然加大，反映流域信息的失真现象明显（孙立群，2008）。

7.3.3.5　坡度信息

流域的坡度和河道长度及比降是影响产汇流特性的重要因素。DEM栅格单元的坡度通常定义为高程相对周围栅格单元的最大变化率，计算方法可归纳为五种：四块法、空间矢量分析法、拟合平面法、拟合曲面法、直接解法。经证明，拟合曲面法是求解坡度的最佳方法（李志林等，2001）。

流域的平均坡度为所有栅格坡度的平均。理论上，网格的扩大，对地形起了相对坦化的作用，坡度会相应的减缓。图 7-4 是计算的不同分辨率 DEM 的流域平均坡度的变化趋势，从该图可以看出，各研究区的坡度均随着网格的增大呈指数型下降，计算的 14 个不同分辨率的流域平均最小坡度值只相当于最大坡度值的 35.66%，网格大小对流域的坡度影响显著，网格越大流域平均坡度和最大坡度都将明显减小。河道的坡度（比降）是影响河道汇流特性的重要因素，它是高程沿河道长度的变化率。在 SWIM 模型生成河道过程中，引用了集水单元数目阈值和流域最小面积的概念，即超过一定阈值的汇水单元才作为河道的一个节点，这个阈值是单元数目，因此，同一分辨率的 DEM，不同的阈值会产生不同的河道起点，而不同分辨率的 DEM，因为网格大小的不同，即使阈值相同，也会产生不同的河道起点，因此形成的河道长度和起点就不一样，坡度值就会相应的变化，这必将影响流域河流汇流时间等。

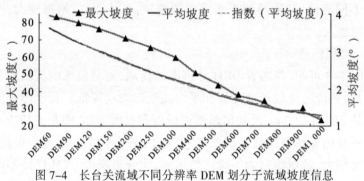

图 7-4　长台关流域不同分辨率 DEM 划分子流域坡度信息

7.3.4　不同分辨率 DEM 对流量过程线的影响

7.3.4.1　纳希效率系数变化

将划分的不同分辨率 DEM 数据输入水文模型，计算不同分辨率 DEM 下的流量过程线。以 60 m DEM 为基础分辨率 DEM，使用率定好的水文模型，获取不同分辨率的流量过程线，与实际观测的 1981—1983 年长台关水文站径流进行对比，比较 DEM 分辨率对水文模型模拟结果的影响。

随着 DEM 分辨率降低，纳希效率系数总体呈下降趋势（表 7-4，图

7-5）。DEM 分辨率从 60 m 降低至 500 m 时，纳希效率系数降低较少，几乎没有变化；DEM 分辨率低于 500 m 后，纳希效率系数降低加快，当 DEM 分辨率达到 600 m 时，纳希效率系数下降最快。值得注意的是，DEM 分辨率从 150 m 降至 250 m 时，纳希效率系数出现小幅上升。这主要是由于 DEM 从 60m 分辨率重采样生成低分辨率 DEM 的过程中，DEM 高程信息发生波动性变化导致低精度 DEM 比高精度 DEM 更能反映真实地形，从而使得低分辨率 DEM 对应的纳希效率系数高于高分辨率 DEM 所对应的纳希效率系数。

基于以上原因，当 DEM 分辨率由 300 m 降低到 500 m，600 m 降低至 800 m，纳希效率系数均出现上升现象，且由于 DEM 栅格变大，上升现象比高精度 DEM 时表现明显。值得指出的是，当 DEM 分辨率低于 300 m 后，栅格的宽度已经超过了河道宽度，DEM 所表现的地形信息已经不能刻画真实地貌。因此，较低分辨率时纳希效率系数的上升现象应该视为一种假象，不应作为选择最佳 DEM 分辨率的判断依据。

综上，对于流域总面积在 3 090 km² 的长台关水文站以上地区，其水文模拟的较为理想的 DEM 分辨率可能为 60 m~150 m，这与采用栅格面积与流域面积的比值（以下用 G/A 表示）作为参考的结果是一致的，在表 7-3 中 G/A 比值小于 0.05 的 DEM 分辨率即在 60 m~150 m 之间，表明该经验公式具有一定的有效性。

表 7-4 长台关流域不同分辨率 DEM 模拟径流纳希效率系数

	DEM 60	DEM 90	DEM 120	DEM 150	DEM 200	DEM 250	DEM 300	DEM 400	DEM 500	DEM 600	DEM 700	DEM 800	DEM 900	DEM 1000
1981	0.56	0.55	0.55	0.50	0.53	0.56	0.58	0.51	0.55	0.38	0.58	0.57	0.21	0.45
1982	0.77	0.77	0.77	0.75	0.76	0.77	0.76	0.76	0.77	0.71	0.77	0.77	0.63	0.73
1983	0.50	0.49	0.48	0.37	0.45	0.51	0.39	0.47	0.11	0.54	0.52	0.25	0.30
平均	0.61	0.60	0.60	0.54	0.58	0.61	0.58	0.55	0.60	0.40	0.63	0.62	0.36	0.49

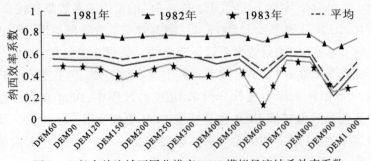

图 7-5　长台关流域不同分辨率 DEM 模拟径流纳希效率系数

7.3.4.2　极端水文事件影响

在水文模型调参过程中发现,DEM 分辨率降低,模拟精度下降。相同 DEM 分辨率下,纳希效率系数达到最优时,洪峰误差和径流深误差都比最优洪峰误差时得到的误差要大,也就是说,同一网格下,峰值模拟和模型效率相矛盾,最优的纳希效率系数下峰值误差并不是最小,为了获取较高的纳希效率系数则只能牺牲对水文极端峰值的模拟效果,比如 DEM 分辨率为 900 m 时,水文模拟峰值与实际观测值直接差距较小,但是整体纳希系数较小,只有 0.35 左右。

DEM 分辨率降低将使 SWIM 水文模型对降雨反应变得敏感,粗精度 DEM 相对高精度 DEM 会使流量过程线峰值升高。这是因为 DEM 栅格变大,使研究区地形变缓,从而导致整个流域更容易产生饱和坡面流,进而使洪峰变大,过程线陡涨陡落。选取研究区降水相对较多的 7 月和 8 月进行研究,其降雨径流在不同分辨率的 DEM 下反应如图 7-6b 所示,降雨时低精度的 DEM 对应的流量过程线的峰值较大,120 m 分辨率的 DEM 的流量过程线的峰值最小。

在没有降水时各分辨率对流域水文过程的模拟均较好,尤其是在 11 月至次年 4 月之间,同时纳希效率系数亦较高。总体而言,随着 DEM 分辨率的变化,枯水期水文模拟值的差异不甚明显,纳希效率系数均较高,而在洪水期,分辨率较低的 DEM 划分的流域其水文峰值的模拟效果要好于高分辨率的 DEM 划分的流域。

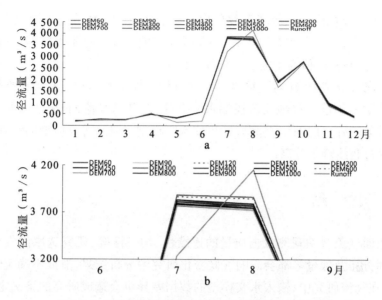

图 7-6 长台关流域不同分辨率 DEM 模拟流量过程线

(a 图为月平均值、b 图为丰水期)

7.3.5 初步结论

合理分辨率的 DEM 选取。根据不同分辨率 DEM 对于水文流量过程线的影响，确定在淮河上游长台关以上地区适用于水文模型的 DEM 分辨率为 60m~150 m，这与许多学者采用栅格面积与河网参考面积（Network Reference Area）的比值小于 0.05 作为参考值的流域划分相一致，表明该公式在淮河流域也是适用的。

合理的 DEM 子流域划分阈值的选取。选取不同的汇水面积阈值，将得到不同的河网，具有很大的随意性，对水文过程影响亦很大。本书采用适度指数法，即通过计算流域水系流向起点的观测值和计算值之间的长度误差来设置合理的阈值，发现在长台关地区利用 DEM 划分子流域时，其汇水面积设定为 300 km² 时较为合适，能较为真实地反映流域水系信息等。

不同分辨率 DEM 划分流域过程中获取的流域面积大小、流域最大高程、平均高程、坡度等均不一致，将这些参数输入 SWIM 水文模型中将导致汇流时间等信息的差异，从而影响到水文模拟的结果。随着 DEM 分辨率的下降,水文模拟的纳希效率系数呈现波动下降,在 DEM 分辨率超过 300 m 后,虽然纳希效率系数有所提高,但是其获取的流域信息不真实,是一种假象,这一点在实际研究中需要特别注意区分。

不同分辨率 DEM 对流域极端水文事件的模拟不一致,常常在高纳希效率系数时不能较好地反映极端水文事件,尤其是峰值,而在枯水期水文模拟效果较好。DEM 分辨率降低可使水文模型对降水等反应变的敏感,相应流量过程线峰值升高。

7.4　小　结

地面气象台站观测数据质量的连续性、均一性等,研究选取的气象站点空间分布及数量等都会影响气候变化研究的分析结果,造成不确定性的增加;在径流研究中,输入水文模型的数据差异也会造成研究的不确定性,如选择气象台站数量不同造成的降雨数据空间差异,气象站点所处空间位置的高程值、坡度和坡向都影响着模拟产流量;气候变化研究分析中常常需要寻找比较合适的插值方法来将气象站点数值插值到流域中心或者子流域中心,不同的插值方法也可能造成研究结果的差异。

气候变化情景的不确定性。目前常用的情景是基于大气环流模式(GCMs)模拟的未来气候变化情景。这些大气环流模式将假设的未来温室气体排放情景作为模式输入,这些假设的排放情景是根据一系列驱动因子(包括人口增长、经济发展、技术进步、环境变化、全球化、公平原则等)的假设提出的未来温室气体和硫化物、气溶胶排放的情况,进而得到一系列未来可能发生的气候情景。影响气候变化情景不确定的主要因素包括三个方面:气候模式本身、情景的设置和降尺度技术的不确定性等。相同的全球环流模式(GCMs)预测结果,采用不同的降尺度处理方法也将得到不同的预估气候情景。因此,降尺度技术的不确定性也是流域未来气候变化情景和径流量预估模拟结果不确定的原因之一。

水文模型的不确定性。水文模型模拟需要输入三要素:①气象输入,反映气象条件在流域上的时空分布;②水文模型,用于定量描述一定时空尺度的水文过程;③参数,水文模拟基于流域空间地形、土壤类型及土地利用参数,其准确性有赖于输入数据对流域特征的描述。模型预报的不确定性来自这三个方面,即气象输入,模型结构和参数的不确定性,而异参同效问题等是参数不确定性的主要问题。

数据空间分辨率的影响。合理分辨率的 DEM 选取,采用栅格面积与河网参考面积(Network Reference Area)的比值小于 0.05 作为参考值的流域划分在淮河流域是适用的;合理的 DEM 子流域划分阈值的选取,采用适度指数法,淮河长台关地区利用 DEM 划分子流域时,其汇水面积设定为 300 km² 时较为合适,能较为真实地反映流域水系信息等;不同分辨率 DEM 划分流域过程中获取的流域面积大小、流域最大高程、平均高程、坡度等均不一致,将这些参数输入 SWIM 水文模型中将导致汇流时间等信息的差异,从而影响到水文模拟的结果;随着 DEM 分辨率的下降,水文模拟的纳希效率系数呈现波动下降,DEM 分辨率超过 300 m 后,虽然纳希效率系数有所提高,但是其获取的流域信息不真实,是一种假象;不同分辨率 DEM 对流域极端水文事件的模拟不一致,常常在高纳希效率系数时不能较好地反映极端水文事件,尤其是峰值,而在枯水期水文模拟效果较好;DEM 分辨率降低可使水文模型对降水等反应变得敏感,相应流量过程线峰值升高。

8 结论与讨论

本章总结主要研究结论,归纳在淮河流域气候水文要素变化研究工作中的创新之处,同时讨论有关不足,并展望未来研究工作方向。

8.1 主要结论

淮河流域地处我国东部季风区,淮河又是我国重要的南北自然地理界线,大尺度的环流及水汽输送背景对该地区的气候特征存在非常显著的影响,是我国气候变化的"敏感区",气候灾害频繁发生,制约干旱与洪涝灾害的复杂天气气候作用在这里得到比较集中的体现,研究该流域气候变化及其影响意义重大。因此,本书以淮河流域为研究地区,首先对该地区的主要气候要素、径流变化特征做了详细分析,结合未来气候情景分析预估流域未来气候变化,并利用水文模型预估径流未来变化特征,最后借助土地利用数据分析人类活动对径流量的影响。得出的主要结论如下:

淮河流域气候、径流观测事实的平均态变化和极端事件研究。分析淮河流域 1958—2007 年气温、降水量、径流量变化趋势,得到如下结论:①淮河流域平均气温,在 20 世纪 90 年代以前以降温为主,90 年代中后期增温显著;季节上,春秋两季呈现波动增加趋势,冬季增暖速率相当高,夏季则呈下降趋势,极端高温、极端低温的天数和量值均呈现减少趋势。②年降水量 1958—2007 年无突变性的增加或减少趋势;季节变化上,流域夏季降水量变幅较大,极端降水无明显变化趋势。③淮河干流自 1958—2007 年以来,蚌埠水文站径流趋势分析表明径流变化趋势并不明显,极端洪水自1992 年开始其发生日数及其占全年径流量比例有所增加,淮河流域极端枯水阈值出现较为显著的变化。

淮河流域径流研究水文模拟效果比较分析。比较经验统计模型 ANN模型、分布式水文模型 SWIM 模型和 HBV-D 模型在淮河流域的水文模拟效果,得出三个模型各有优劣之处:"黑箱"模型 ANN 是单纯的降水、温度和径流的统计关系,对水文模拟的整体效果较好、纳希效率系数高。而有物理基础的 HBV-D 模型和 SWIM 模型虽然模拟的纳希效率系数不及 ANN 模型,但是因为具有物理过程,可以详细了解下垫面要素,如土地利用、土壤、DEM、河道情况等对水文过程的影响等, 便于了解流域的产汇流机制等,有利于分析降水径流的影响因素等问题,在气候变化和水文研究中仍是较好的工具,本书研究淮河流域气候变化情况及其对径流的影响等内容正需要此种水文模型工具。

淮河流域气候变化与径流未来情景预估研究。以 NCAR-CCM3、CSIRO_MK3 和 ECHAM5/MPI-OM 三个气候模式数据分析其在淮河流域模拟能力,选取适用于淮河流域的气候模式,分析未来 2011—2060 年气温、降水的变化趋势,并输入到水文模型中预估未来气候变化情景下淮河径流量的变化,得出:①淮河流域未来气温增幅明显,2011—2060 年间三模式平均增温相对 1961—1990 年距平达 2.61 ℃;降水相对 1961—1990 年距平变幅为 -84.6 mm~168.0 mm;三模式中 ECHAM5/MPI-OM 模式较其他两个模式更适用于淮河流域。②ECHAM5 模式三种情景下年平均气温增温显著,季节平均气温三种情景下均是冬季升温最快,预估的淮河流域年降水量有微弱的增加,但 MK 检测均无显著变化趋势;就季节降水量总体而言,淮河流域未来 50 年降水仍以春、夏季为主, 占全年降水的 70%左右。③2011—2060 年淮河径流量年际变化幅度差异较大,SRES-A2 情景总体处于波动上升趋势,SRES-B1 情景流域内年平均流量的变率波动甚小,在情景期没有发生突变;季节分析表明春季平均流量变幅最小,冬季流量 SRES-A2 和 SRES-A1B 情景波动明显,均呈现先下降再升高后复下降趋势;观测期淮河径流序列存在一个约 7~8 年的显著周期,但在 ECHAM5 情景下预估的径流序列的周期普遍缩短,如 A2 情景下显著周期时间为 3~4 年、A1B 为 3~4 年、B1 为 5~6 年左右, 这预示淮河流域在未来情景下可能出现频繁旱涝灾情。

SWIM 模型在洪水期模拟效率系数较高,在枯水期则会下降,分析三期不同土地覆被情景输入 SWIM 模型的结果,获取淮河干流长台关以上流域农业用地、居民用地和混交林地等对径流影响程度,得出:农业用地对径流影响程度要高于居民用地，研究区农业用地增加将会带来径流量增加,混交林地的增加导致径流深的减少;从数值绝对值比较而言,混交林地变化对径流量的影响绝对值大,农业用地次之,而居民用地最小,可知,径流深对混交林变化相对较为敏感,大于农业用地、居民用地等的影响。

气候水文要素研究的不确定性问题讨论。地面气象台站观测数据质量的连续性、均一性等,研究选取的气象站点空间分布及数量等都会影响气候变化研究的分析结果,造成不确定性的增加;未来气候模式的选择等都会给流域未来气候变化分析带来不确定性因素;在径流研究中,气候变化情景的不确定性来自于气候模式本身、情景的设置等方面,同时降尺度技术的不确定性也是流域未来气候变化情景和径流量预估模拟结果不确定的原因之一;输入水文模型的数据差异也会造成研究的不确定性,如气象数据、水文模型参数的设定等,对于分布式水文模型而言,数据空间分辨率也将影响预估结果,如子流域划分的阈值选择、DEM 分辨率设置等都将造成预估结果的不确定性问题。

8.2 研究特色与创新

通过比较 NCAR-CCM3、CSIRO_MK3 和 ECHAM5/MPI-OM 三个气候模式,给出淮河流域未来气候变化的可能范围,降低淮河流域未来气候变化预估的不确定性问题;比较经验统计模型 ANN,分布式水文模型 HBV、SWIM 模型在淮河流域分析结果,选择淮河流域的最佳径流研究模型,降低模型选择上的不确定性问题;将三个气候模式数据输入水文模型,获取淮河流域径流预估的变化幅度,减少淮河流域气候变化和径流研究的不确定性。

利用不同时期土地利用数据输入率定好的 SWIM 水文模型中,定量化地研究人类活动(土地利用)对径流量的影响,分析不同土地利用类型对径流的影响差异等。

通过不同分辨率的 DEM 数据,研究其对水文模型模拟结果的影响,如径流量、水文极端值等受不同分辨率 DEM 的影响程度。

8.3 研究展望

本书首先研究了淮河流域气象要素平均态的变化和极端事件,其次利用全球气候模式数据和水文模型对未来气候变化和径流量变化进行预估,再次结合土地利用数据定量化分析人类活动对径流量的影响,最后分析本书研究过程中存在的不确定性问题,但由于对导致气候变化机理、水文模型的结构以及气候变化对径流量等影响的过程认识不够深入,本研究还存在以下几个问题,有待后续研究中深入:

淮河流域气候变化的机理分析。导致淮河流域温度升高、降水有弱势上升变化的归因分析,有待后期研究中从大气环流,与北太平洋涛动、厄尔尼诺及拉尼娜事件等的相关关系分析等方面加强。

淮河流域降水径流关系的研究。对水文模型的内在结构认识不够清楚,在水文模型模拟过程中,对水文过程的描述、数学表达等理解不深入,缺乏将模型本地化改造的能力,造成模型模拟能力不够理想,在后续研究中将加强水文学方面的学习,特别是对水文模型的结构方面的学习研究。

气候水文要素变化的不确定性问题。对于不确定性研究,本书多数以定性分析为主,后续研究可以将马尔科夫链蒙特卡罗法(Markov Chain Monte Carlo,MCMC)引入参数不确定性研究中,从定量的角度分析研究过程中存在的不确定性问题。

参考文献

Andrew F, David E, Bryan W. 1999.Climate variability and the frequency of extreme temperature events for nine sites across Canada: implications for power usage[J].Journal of Climate, 12(7):2 490–2 502.

BariM A, Smettem K R J, Sivapalan M. 2005. Understanding changes in annual runoff following land use changes:a systematic data–based approach [J]. Hydrological Processes, 19:2 463–2 479.

Bergstrom S. 1976.Development and application of a conceptual runoff model for Scandinavian catchments[R]. Norrkping, Sweden: Swedish Meteorological and Hydrological Institute.

Bergstrom S. 1995. The HBV model [M]// Singh V P. Computer models of Watershed Hydrology, Littletown, Colorado, USA, Water Ressources Public-ations, 443–476.

Bewket W, Sterk G. 2005. Dynamics in land cover and its effect on streamflow in the Chemoga watershed, Blue Nile basin, Ethiopia [J]. Hydrological Processes, 19(2):445–458.

Bloschl G, Sivapalan M. 1995.Scale issues in hydrological modelling:A review[J]. Hydrological Processes.

Bosch J M, Hewlett J D. 1982. A review of catchment experiments to determine the effect of vegetation changes on water yield and evapotranspiration [J]. Journal of Hydrology, 55(1–4):3–23.

Bradshaw G A, Spies T A. 1992. Characterizing canopy gap structure in forests using wavelet analysis [J].Journal of Ecology, 80:205–215.

Bronstert A, Danid N, Gerd B. 2002.Effects of climate and land–use change on storm runoff generation: present knowledge and modelling capabilities [J]. Hydrological Processes, 16: 509–529.

Chaplot V. 2005. Impact of DEM mesh size zan soil map scale on SWAT runoff, sediment and NO3-N loads predictions[J].Journal of Hydrology,312:2005-222.

Chen L X,Shao Y N,Dong M.1990.Preliminary analysis of Climatic variation during the last 39 years in China[J].Adv.Atoms. Sci,8(3):279-288.

Conway D. 2001. Understanding the Hydrological Impacts of Land-cover and Land-use Change[C].IHDP Update, 1:5-6.

Crokea B F W,Merrittc W S,Jakemana A J. 2004. A dynamic model for predicting hydrologic response to land cover changes in gauged and ungauged catchments[J].Journal of Hydrology, 291: 115-131.

De R A, Schmuck G, Perdigaro V, et al. 2003. The influence of historic land use changes and future planned land use scenarios on floods in the Oder catchment [J] . Physics and Chemistry of the Earth , 28 : 1 291-1 300.

DeFries R,Eshleman K N. 2004. Land-use change and hydrologic processes: a major focus for the future [J].Hydrological Processes, 18:2 183-2 186.

Dietrich W E,Wilson C T,Montgomery D R,et al.1993. Analysis of erosion thresholds,channel networks and landscape morphology using a digital terrain model[J].The Journal of Geology, 101:259-278.

Diluzio M, Arnold J G, Srinivasan R. 2005. Effect of GIS data quality on small watershed st ream flow and sediment simulations[J].Hydrological Processes,19 (3): 629-650.

Ding Y H, Ren G Y, Zhao Z C, et al. 2007. Detection, causes and projection of climate change over China: An overview of recent progress [J]. Advances in Atmospheric Science,24(6): 954-971.

Erskine R H, Green T T, Ramirez J A,et al.2006.Comparison of grid-based algorithms for computing upslope contributing area[J].Water Resources Research, 42(9): W09416.

Gao C,Gemmer M,Zeng X F,et al.2010. Projected Streamflow in the Huaihe River Basin (2010—2100) using Artificial Neural Network (ANN)[J]. Stochastic Environmental Research and Risk Assessment.

Garbrecht J,Martz L. 1994. Grid size dependency of parameters extracted from digital elevation models[J].Computers & Geoseienees, 20(1):85–87.

Gardner T W, Sosowsky K C, Day R C.1991.Automated extraction of geomorphic properties from digital elevation data [J]. Zeitschrift fur Geomorphologie, Supplementhand, 80:57–68.

Groisman P, Karl T, Easterling D, *et al*. 1999. Changes in the probability of extreme precipitation: important indicatoric of climatic change [J].Climatic Change, 42:243–283.

Guo S L, Wang J X, Xiong I H, *et al*.2002.A macro scale and semi distributed monthly water balance model to predict climate change impacts in China[J]. Journal of Hydrology, 268:1–15.

Hattermann, *et al*. 2005. Hydrological validation of the ecohydrological model SWIM in a macroscale river basin: from the meso–to the macroscale approach [J]. Hydrological Processes, v19:693–714.

Helge B.2008.Sensitivity of a soil–vegetation–atmosphere–transfer scheme to input data resolution and dataclassification [J]. Journal of Hydrology, 351: 154–169.

Houghton J T, Ding Y, Griggs D J, *et al*. 2001.IPCC, Climate change.2001, The science of climate change, TAR [R]. Cambridge: Cambridge University Press, 278.

IPCC. 2007.Climate Change 2007: The physical Science Basis, Summary for Policymakers[R]. Cambridge: Cambridge University Press.

Jiang T, Su B D, Hartmann H. 2007.Temporal and spatial trends of precipitation and river flow in the Yangtze River Basin, 1961—2000[J]. Geomorphology, 85 （3/4）: 143–154.

Jiang T, Zhang Q, Zhu DM, *et al*. 2006.Yangtze floods and droughts（China）and teleconnections with ENSO activities（1470—2003）[J].Quaternary Internatio-nal.144:29–37.

Kannan K, White S M, Worrall F, *et al*. 2007. Sensitivity analysis and identification of the best evapotranspiration and runoff options for hydrological modeling in SWAT–2000[J]. Journal of Hydrology, 332:456–466.

Karl T R, Knight R W. 1998. Secular trends of precipitation amount , frequency, and intensity in the United States[J]. Bul l. A mer.Meteor. Soc. ,79 : 231–241.

Krysanova V, Mueller–Wohlfeil D I, Bronstert A. 1998. Modelling runoff dynamics of the Elbe drainage basin: an application of the HBV model [J]. Hydrology in a Changing Environment , 1: 147–152.

Krysanova V, Mueller–Wohlfeil D I.1997. Modelling Water Balance of the Elbe Basin –a Pilot Application of the HBV Model [J]. Vannet i Norden , 30 (1): 6–17.

Krysanova V , Hattermann F , Wechsung F.2005.Development of the ecohydrological model SWIM for regional impact studies and vulnerability assessment [J]. Hydrological Processes , v19 : 763–783.

Kumar P, Foufoular–Georgiou E.1993.A multicomponent decomposition of spatial rainfall fields.Segregation of Large and Small Scale features using Wavelet transforms[J].Water Resource Research , 29(8):2 515–2 532.

Kundzewicz Z , Graczyk W D.2005.Trend detection in river flow series : Annual maximum flow[J]. Hydrological Sciences Journal , 50(5): 797–810.

Leavesley G H. 1994. Modeling the effects of climate change on water resources–a review[J].Climatic Change, 28:159–177.

Lorup J K , Hansen E. 1997.Effect of land use on the streamtflow in the southwestern highlands of Tanzania [A].//Rosbjerg D , Boutayeb N , Gustard A , et al. Sustainability of Water Resources under Increasing Uncertainty (Proceedings of the Rabat Symposium S1 , 1997)[C].IAHS Publication No.240: 227–236.

Manton M J, Della–Marta P M, Haylock M R, et al.1999. Trends in ext reme daily rainfall and temperature in South–east Asia and the South Pacific: 1961—1998[J]. Int. J.Climatology , 21:269–284.

Meehl G A , Karl T R , Easterlling D R , et al.2000. An introduction to trends in extreme weather and climate events: observations, socioeconomic impacts, terrestrial ecological impacts, and model projections[J]. Bull. Amer. Meteor. Soc , 81(3): 413–416.

Milly P C D, Dunne K A, Vecchia A V.2005.Global pattern of trends in streamflow and water availability in a changing climate[J]. Nature, 438: 347–350.

Moore R J, Clarke R T.1981.A distribution function approach to rainfall runoff modeling [J].

Nakic E N, Swart R. 2000. Special Report on Emissions Scenarios [R]. A Special Report of Working Group III of the Intergovernment Panel on Climate Change. Cambridge, United Kingdomand New York, USA : Cambridge University Press, 599–611.

Nash J, Sutcliffe J. 1970. River flow forecasting through conceptual models[J]. Journal of Hydrology, 10: 282–290.

Callaghan J F, Mark D M.1984.The extraction of drainage networks from digital elevation data[J].Comput.Vision, Graphics Image Process, 28:323–344.

Obasi G O P.2002.Reducing vulnerability to weather and climate extremes[M]. Information and Public Affair Office, WMO.

Onstad C A, Jamieson D G. 1970.Modelling the effect of land use modifications on runoff [J].Water Resources Research, 6(5):1 287–1 295.

Parkin G, O Donnell G, Ewen J, et al. 1996.Validation of catchment models for predicting land–use and climate change impacts–Case study for a Mediterranean catchment[J].Journal of Hydrology, 175:595–613.

Pepper W J, Leggett J, Swart R, et al. 1992.Emissions scenarios for the IPCC.

An update : Assumptions, methodology and results. Support document for Chapter A3[R]/ / Houghton J T, Callandar B A, Varney S K. Climate Change 1992 : the Supplementary report to the IPCC scientific assessment [C]. Cambridge : Cambridge University Press, 543–556.

Phillips T J, Gleckler P J.2006. Evaluation of continental precipitation in 20th–century climate simulations: The utility of multi model statistics[J]. Water Resource Research, 42.

Princepe J C, Euliano N R, Lefebvre W C.1999.Neural and Adaptive Systems: Fundamentals Through Simulations [M]. John Wiley & Sons, Inc. New York, USA.122–149.

Revelle R R, Waggoner P E. 1983. Effects of a carbon dioxide-induced climatic change on water supplies in the western United States [J]. Changing Climate, National Academy Press, 419-432.

Roeckner E, Bauml G, Bonavetura L, *et al.* 2003.The atmospheric general circulation model ECHAM 5. PART I: Model description. MPI Report No.349 [R]. Hamburg: Max-Planck-Institute for Meteorology.

Schwarz H E. 1977.Climate Change and Water Supply: How Sensitive is the Northeast[M]. Washington DC: National Academy of Science.

Sivapalan M K, Takeuchi S W, Franks S W.2003. IAHS decade of prediction in ungauged basins (PUB), 2003—2012:Shaping an exiting future for the hydrological sciences[J]. Hydrological Sciences Journal, 48 (6):857-879.

Stockton, C W, Boggess W R. 1979. Geohydrological Implication of Climate Change on Water Resources Development [M].Report prepared for US Army Coastal Research.

Stone D A, Weaver A J, Zwiers F W.1999. Trends in Canadian precipitation intensity[J]. Atmos. Ocean, 2:321-347.

Su B D, Jiang T. 2006. Recent trends in observed temperature and precipitation extremes in the Yangtze River basin, China [J]. Theoretical and Applied Climatology, 83 (1-4):139-151.

Su B D, Jiang T. 2006.Recent trends in temperature and precipitation extremes in the Yangtze River basin, China[J]. Theoretical and Applied Climatology, 83 (1-4):139-151.

UNDP.2006.Beyond scarcity: Power, poverty and the global water crisis, Human Development Report 2006 [R]. UNDP, New York, USA.

Vieux B E. 1993.Aggregation and smoothing effects on surface runoff modelling[J]. Journal of Computing in Civil Engineering, 7(3):310-338.

Wang Y J, Jiang T, Bothe O, *et al.* 2007.Changes of pan evaporation and reference evapotranspiration in the YangtzeRiver basin [J].Theoretical and Applied Climatology, 90(No.1-2):356-362.

Wu S M, Li J, Huang G H. 2007.Modeling the effects of elevation data resolution on the performance of topography-based watershed runoff simulation [J]. Environmental Modeling & Software, 22(9):1 250-1 260.

Yamamoto R, Sakurai Y. 1999. Long-term intensification of extremely heavy rainfall intensity in recent 100 years[J]. World Resource Review, 11:271-281.

Zhou T J, Yu R C. 2006. Twentieth century surface air temperature over China and the globe simulated by coupled climate models[J]. J Climate, 19(22):5 843-5 858.

Zhu Y M, Lu X X, Zhou Y. 2008. Sediment flux sensitivity to climate change: A case study in the Longchuanjiang catchment of the upper Yangtze River, China [J]. Global and Planetary Change, 60(3-4):429-442.

包红军,李致家,王莉莉.2007.淮河鲁台子以上流域洪水预报模型研究[J].水利学报,10:440-448.

曹颖,张光辉. 2009. 大气环流模式在黄河流域的适用性评价[J].水文, 29(5):1-6.

陈桂亚,Derek Clarke. 2007. 气候变化对嘉陵江流域水资源量的影响分析[J]. 长江科学院院报,24(4): 14-18.

陈军峰, 陈秀万. 2004. SWAT 模型的水量平衡及其在梭磨河流域的应用[J]. 北京大学学报:自然科学版,40(2): 265-270.

陈军锋, 李秀彬, 张明.2004. 模型模拟梭磨河流域气候波动和土地覆被变化对流域水文的影响[J].中国科学 D 辑: 地球科学,34(7): 668-674.

陈军锋, 张明.2003. 梭磨河流域气候波动和土地覆被变化对径流影响的模拟研究[J]. 地理研究, 22(1): 1-6.

陈利群,刘昌明,郝芳华. 2005.站网密度和地形对模拟产流量和产沙量的影响[J]. 水土保持学报, 19(1):18-21.

陈仁升,康尔泗,杨建平,等.2003.水文模型研究综述[J].中国沙漠,23(3): 221-229.

陈喜,苏布达,姜彤,等.2003.气候变化对沅江流域径流影响研究[J].湖泊科学, 15:115-123.

陈英,刘新仁.1996.淮河流域气候变化对水资源的影响[J].河海大学学报,24(5):111-114.

陈莹,许有鹏,尹义星.2009. 基于土地利用/覆被情景分析的长期水文效应研究——以西苕溪流域为例[J].自然资源学报,24(2):351-359.

邓慧平,李秀彬,陈军锋,等.2003.流域土地覆被变化水文效应的模拟——以长江上游源头区梭磨河为例[J].地理学报,25(1):53-62.

邓慧平,唐来华.1998.沱江流域水文对全球气候变化的响应[J].地理学报,53(1):42-48.

丁一汇,任国玉,石广玉,等.2006.气候变化国家评估报告(I):中国气候变化的历史和未来趋势[J].气候变化研究进展,2(1):3-8.

丁一汇,孙颖.2006.国际气候变化研究新进展[J].气候变化研究进展,2(4):161-167.

丁裕国.2006.探讨灾害规律的理论基础——极端气候事件概率[J].气象与减灾研究,29(1):44-50.

范广洲,吕世华,程国栋.2001.气候变化对滦河流域水资源影响的水文模式模拟结果分析[J].高原气象,20(3):302-310.

傅国斌.1991.全球变暖对华北水资源影响的初步分析[J].地理学与国土研究,7(4):22-26.

高超,曾小凡,苏布达,等.2010.2010—2100年淮河径流量变化情景预估[J].气候变化研究进展,6(1):15-21.

高超,翟建青,陶辉,等.2009.巢湖流域土地利用/覆被变化的水文效应研究[J].自然资源学报,24(10):1 794-1 802.

高歌,陈德亮,徐影.2008.未来气候变化对淮河流域径流的可能影响[J].应用气象学报,19(6):741-748.

高霞,王宏.2009.近45年来河北省极端降水事件的变化研究[J].气象,35(7):10-15.

高学杰,赵宗慈,丁一汇.2003.区域气候模式对温室效应引起的中国西北地区气候变化的数值模拟[J].冰川冻土,25(2):165-169.

葛怡,史培军,周俊华,等.2003.土地利用变化驱动下的上海市区水灾灾情模拟[J].自然灾害学报,12(3):25-30.

顾万龙,竹磊磊,许红梅,等.2010.SWAT模型在气候变化对水资源影响研究中的应用——以河南省中部农业区为例[J].生态学杂志,29(2):395-400.

郭华,姜彤,王艳君,等.2006.1955—2002年气候因子对鄱阳湖流域径流系数的影响[J].气候变化进展, 2(5):217-222.

郭华. 2007.气候变化及土地覆被变化对鄱阳湖流域径流的影响[D].中国科学院南京地理与湖泊研究所.

韩瑞光,丁志宏,冯平.2009.人类活动对海河流域地表径流量影响的研究[J].水利水电技术,40(3):3-7.

郝振纯,李丽,张磊磊,等.2009.GCMs 模式在黄河源区的适用性分析[J].河海大学学报:自然科学版,37(1):7-11.

郝振纯,苏凤阁. 2000.分布式月水文模型研究及其在淮河流域的应用[J].水科学进展,11(增刊):36-43.

贺瑞敏,王国庆,张建云,等. 2008.气候变化对大型水利工程的影响[J].中国水利, 2: 28-30.

胡昌华,李国华,刘涛.2004.基于 MATLAB 6.X 的系统分析与设计——小波分析[M].西安:西安电子科技大学出版社.

胡利平, 姚延锋. 2009.天水地区近 50 年气温与降水变化特征[J].地理科学进展,28 (4):651-656.

胡铁松,袁鹏,丁晶.1995.人工神经网络在水文水资源中的应用[J]. 水科学进展,6(1):76-82.

淮河水利委员会. 1996.中国江河防洪丛书淮河卷[M]. 北京:中国水利水电出版社.

黄刚, 屈侠. 2009. IPCC AR4 模式中夏季西太平洋副高南北位置特征的模拟[J]. 大气科学学报,32(3):351-359.

黄明斌,康绍忠,李玉山.1999.黄土高原沟壑区森林和草地小流域水文行为的比较研究[J].自然资源学报, 14(3):226-231.

贾仰文,王浩,倪广恒,等. 2004.分布式流域水文模型原理与实践[M].北京:中国水利水电出版社.

江志红,陈威霖,宋洁,等. 2009.7 个 IPCC AR4 模式对中国地区极端降水指数模拟能力的评估及其未来情景预估[J].大气科学, 33(1):109-120.

姜彤, 苏布达, 王艳君,等. 2005.四十年来长江流域气温、降水与径流变化趋势[J].气候变化研究进展,1(2):65-68.

康尔泗,程国栋,蓝永超,等.1999.西北干旱区内陆河流域出山径流变化趋势对气候变化响应模型[J].中国科学(D辑),29(增刊):47–54.

课题执行专家组课题办公室编.气候异常对国民经济影响评估业务系统的研究[M]//张建云.2001.气候异常对水资源影响评估分析模型.北京:气象出版社.

李文华,何永涛,杨丽韫.2001.森林对径流影响研究的回顾与展望[J].自然资源学报,16(5):398–406.

李勇,刘寿东,李登文,等.2007.气象水文耦合预报模式预警洪涝——以湄潭县河流为例[J].气象科学,27(增刊):115–120.

林而达,许吟隆,蒋金荷.2006.气候变化国家评估报告(Ⅱ):气候变化的影响与适应[J].气候变化研究进展,2(2):51–56.

凌铁军,王彰贵,王斌,等.2009.基于CCSM3气候模式的同化模拟试验[J].海洋学报,31(6):9–21.

刘昌明,刘小莽.2009.海河流域太阳辐射变化及其原因分析[J].地理学报,64(11):1 283–1 291.

刘春蓁.2007.气候变化对江河流量变化趋势影响研究进展[J].地球科学进展,22(8):777–783.

刘春蓁.1997.气候变化对我国水文水资源的可能影响[J].水科学进展,8(3):220–225.

刘惠民,邓慧平.1999.全球气候变化影响研究进展[J].安徽师范大学学报:自然科学版,22(4):378–381.

刘俊萍,田峰巍,黄强,等.2003.基于小波分析的黄河河川径流变化规律研究[J].自然科学进展,13(4):383–387.

刘绿柳,刘兆飞,徐宗学.2008.21世纪黄河流域上中游地区气候变化趋势分析[J].气候变化研究进展,4(3):167–172.

刘绿柳,姜彤,原峰.2009.珠江流域1961—2007年气候变化及2011—2060年预估分析[J].气候变化研究进展,5(4):209–214.

刘小宁.1999.我国暴雨极端事件的气候变化特征[J].灾害学,14(1):54–59.

刘晓东,江志红,罗树如,等.2005.RegCM3模式对中国东部夏季降水的模拟试验[J].南京气象学院学报,28(3):351–359.

刘新仁.1993.淮河流域大尺度水文模型研究——流域水文月模型[J].水文

科技信息, 3:36–42.

龙恩, 程维明, 肖飞, 等. 2008.利用SRTM-DEM和TM数据提取平原山地信息的研究[J].测绘科学, 33(02):53–57.

闾国年, 钱亚东, 陈钟明. 1998.流域地形自动分割研究[J].遥感学报, 2(4):298–303.

罗勇, 赵宗慈. 1997.NCAR RegCM 2对东亚区域气候的模拟试验[J].应用气象学报, 8(增刊):124–133.

马跃先, 王丰, 李世英, 等. 2008.淮河流域干江河年径流演变特征及动因分析[J].水文, 28(1):77–81.

马柱国, 符淙斌, 任小波, 等. 2003.中国北方年极端温度的变化趋势与区域增暖的联系[J].地理学报, 58(增刊):11–20.

《气候变化国家评估报告》编写委员会. 2007.气候变化国家评估报告[M].北京:科学出版社.

秦大河, 罗勇, 陈振林, 等. 2007.气候变化科学的最新进展:IPCC第四次评估综合报告解析[J].气候变化研究进展, 3(6):311–314.

秦莉俐, 陈云霞, 许有鹏. 2005.城镇化对径流的长期影响研究[J].南京大学学报:自然科学版, 41(3):279–285.

邱国玉, 尹婧, 熊育久, 等. 2008.北方干旱化和土地利用变化对泾河流域径流的影响[J].自然资源学报, 23(2):211–218.

邱新法, 仇月萍. 2009.重庆山地月平均气温空间分布模拟研究[J].地球科学进展, 24(6):621–628.

任朝霞, 陆玉麒, 杨达源. 2009.近2000年黑河流域旱涝变化研究[J].干旱区资源与环境, 23(4):90–93.

任国玉, 郭军, 徐铭志. 2005. 近50年中国地面气候变化基本特征[J].气象学报, 63(6):942–956.

任国玉, 徐铭志, 初子莹, 等. 2005. 近54年中国地面气温变化[J].气候与环境研究, 10(4):717–727.

任希岩, 张雪松, 郝芳华, 等. 2004.DEM分辨率对产流产沙模拟影响研究[J].水土保持研究, 11(1):1–5.

施雅风. 1995.气候变化对西北华北水资源的影响[M]// 施雅风. 中国气候与

海面变化及其趋势和影响(卷4).山东:山东科学技术出版社.

史培军,袁艺,陈晋.2001.深圳市土地利用变化对流域径流的影响[J].生态学报,21(7):1 041-1 049.

史学丽,丁一汇,刘一鸣.2001.区域气候模式对中国东部夏季气候的模拟试验[J].气候与环境研究,6(2):249-254.

苏布达,姜彤.2008.长江流域降水极值时间序列的分布特征[J].湖泊科学,20(1):123-128.

苏凤阁.2001.大尺度水文模型及其与陆面模式的耦合研究[D].河海大学.

苏凤阁,谢正辉.2003.气候变化对中国径流影响评估模型研究[J].自然科学进展,13(5):502-507.

孙崇亮,王卷乐.2008.基于DEM的水系自动提取与分级研究进展[J].地理科学进展,27(1):118-125.

孙立群,胡成,陈刚.2008.TOPMODEL模型中的DEM尺度效应[J].水科学进展,19(5):699-707.

孙宁,李秀彬,李子君,等.2008.潮河上游土地利用/覆被变化对年径流影响模拟[J].北京林业大学学报,30(2):22-30.

谈广鸣,胡铁松.2009.变化环境下的涝渍灾害研究进展[J].武汉大学学报:工学版,42(05):565-561.

唐国利,丁一汇.2006.近44年南京温度变化的特征及其可能原因的分析[J].大气科学,30(1):56-68.

田红,李春,张士洋.2005.近50年我国江淮流域气候变化[J].中国海洋大学学报,35(4):539-544.

田红,许吟隆,林而达.2008.温室效应引起的江淮流域气候变化预估[J].气候变化进展,4(6):357-362.

汪美华,谢强,王红亚.2003.未来气候变化对淮河流域径流深的影响[J].地理研究,22(1):79-88.

汪跃军.2007.淮河干流蚌埠水文站年径流系列多时间尺度分析[J].水利技术监督,1:37-40.

王栋.2005.试析淮河洪涝灾害成因[J].科技导报,23(9):14-16.

王国杰,姜彤,王艳君,等.2006.洞庭湖流域气候变化特征(1961—2003)[J].

湖泊科学, 18(5):470-475.

王国庆,张建云,刘九夫,等. 2008.气候变化对水文水资源影响研究综述 [J]. 中国水利, 2: 47-51.

王怀清,赵冠男. 2009.近 50 年鄱阳湖五大流域降水变化特征研究[J].长江 流域资源与环境,18（7）:615-619.

王慧,王谦谦.2002.近 49 年来淮河流域降水异常及其环流特征[J].气象科 学,22(2):149-158.

王纪军,裴铁璠,王安志,等.2009.长白山地区近 50 年平均最高和最低气 温变化[J].北京林业大学学报,31（2）:50-57.

王静爱,毛佳,贾慧聪. 2008.中国水旱灾害危险性的时空格局研究[J].自然 灾害学报,17(1):115-121.

王林,陈兴伟.2007.基于 3 个站点校准与验证的晋江流域径流模拟[J].中国 水土保持科学,5（6）:22-27.

王林,陈兴伟.2008.SWAT 模型流域径流模拟研究进展[J].华侨大学学报:自 然科学版,29(1):6-10.

王守荣, 黄荣辉, 丁一汇. 2002. 水文模型 DHSVM 与区域气候模式 RegCM2/China 嵌套模拟试验[J].气象学报, 60（4）: 421-427.

王淑瑜,熊喆.2004.5 个海气耦合模式模拟东亚区域气候能力的初步分析[J]. 气候与环境研究, 9（2）: 240-250.

王顺久.2006.全球气候变化对水文与水资源的影响[J].气候变化研究进展, 2(5):223-227.

王文圣,丁晶,李跃清.2005.水文小波分析[M].北京:化学工业出版社.

王雪臣,冷春香,冯相昭,等. 2008.长江中游地区洪涝灾害风险分析[J].科技 导报, 26(2): 15-17.

王艳君,吕宏军,姜彤. 2008.子流域划分和 DEM 分辨率对 SWAT 径流模拟 的影响研究[J].水文,28(3):22-26.

王中根,刘昌明,吴险峰. 2003.基于 DEM 的分布式水文模型研究综述[J].自 然资源学报,18(2):1-6.

魏凤英. 1997.现代气候统计诊断与预测技术(第 2 版)[M]. 北京:气象出版社.

吴绍洪,赵宗慈. 2009.气候变化和水的最新科学认知[J].气候变化研究进展,5(3):125-133.

吴险峰,刘昌明,王中根.2003.栅格DEM的水平分辨率对流域特征的影响分析[J].自然资源学报,18(2):148-154.

夏军,谈戈.2002.全球变化与水文科学新的进展与挑战[J].资源科学,24(3):1-7.

信忠保,谢志仁.2005.ENSO事件对淮河流域降水的影响[J].气象科学,25(4):346-355.

熊立华,郭生练,Kieran M.2002.利用DEM提取地貌指数的方法述评[J].水科学进展,13(6):776-780.

徐群,张艳霞.2007.近52年淮河流域的梅雨[J].应用气象学报,8(2):147-157.

许捍卫,何江,佘远见.2008.基于DEM与遥感信息的秦淮河流域数字水系提取方法[J].河海大学学报:自然科学版,36(04):443-448.

许红梅.2003.黄土高原丘陵沟壑区小流域植被净第一性生产过程模拟研究[D].北京师范大学.

许炯心.1992.淮河洪涝灾害的地貌学分析[J].灾害学,1:26-32.

许炯心.1999.长江中上游水沙过程与生态环境建设[R].北京:中国科学院地理科学与资源研究所.

严平勇.2009.近40年来福建省极端气温时空变化特征[J].广东农业科学,(8):358-360.

姚玉璧,张秀云,王润云,等.2008.洮河流域气候变化及其对水资源的影响[J].水土保持学报,22(1):168-173.

游松财,Takahashi K,Matsuoka Y.2002.全球变化对中国未来地表径流的影响[J].第四纪研究,22(2):148-157.

于磊,顾銮,李建新,等.2008.基于SWAT模型的中尺度流域气候变化水文响应研究[J].水土保持通报,28(4):152-154.

苑希民,李鸿雁,刘树坤,等.2002.神经网络和遗传算法在水科学领域的应用[M].北京:中国水利水电出版社.

曾小凡,苏布达,姜彤,等.2007.21世纪前半叶长江流域气候趋势的一种预估[J].气候变化研究进展,3(5):293-298.

曾小凡,翟建青.2009.长江流域平均气温的时空变化特征[J].长江流域资源与环境,18(5):427-430.

曾小凡,李巧萍,苏布达,等.2009.松花江流域气候变化及 ECHAM5 模式预估[J].气候变化研究进展,5(4):215-219.

翟建青,曾小凡,苏布达,等.2009.基于 ECHAM5 模式预估 2050 年前中国旱涝格局趋势[J].气候变化研究进展, 5(4):220-225.

翟盘茂,潘晓华.2003.中国北方近 50 年温度和降水极端事件变化[J].地理学报,58(增刊):1-10.

翟盘茂,王萃萃,李威.2007.极端降水事件变化的观测研究[J].气候变化研究进展,3(3):144-148.

张爱民,王效瑞,马晓群.2002.淮河流域气候变化及其对农业的影响[J].安徽农业科学,30(6):843-846.

张光辉.2006.全球气候变化对黄河流域天然径流量影响的情景分析[J].地理研究,25(2):268-275.

张建云,王国庆.2007.气候变化对水文水资源影响研究[M].北京:科学出版社.

张建云,王国庆,刘九夫,等.2009.国内外关于气候变化对水的影响的研究进展[J].人民长江,40(8):39-42.

张建云.2009.气候变化与水利工程安全[J].岩土工程学报,31(3):326-341.

张静,朱伟军,李忠贤.2007.北太平洋涛动与淮河流域夏季降水异常的关系[J].南京气象学院学报,30(4):546-550.

张凯,王润元,韩海涛,等.2007.黑河流域气候变化的水文水资源效应[J].资源科学,29(1):77-83.

张蕾娜,李秀彬.2004.用水文特征参数变化表征人类活动的水文效应初探——以云州水库流域为例[J].资源科学,26(2):62-67.

张利平,陈小凤,赵志鹏.2007.气候变化对水文水资源影响的研究进展[J].地理科学进展,27(3):59-67.

张微微,武伟,刘洪斌.2007.不同比例尺 DEM 提取地形信息的比较分析——以重庆市为例[J].西南大学学报:自然科学版,29(07):153-158.

张旭,蒋卫国,周廷刚,等.2009.GIS 支持下的基于 DEM 的水文响应单元划分——以洞庭湖为例[J].地理与地理信息科学,25(4):17-22.

张雪芹,彭莉莉,林朝晖.2008.未来不同排放情景下气候变化预估研究进展
　[J].地球科学进展,23(2):174-185.

张雪松,郝芳华,张建永.2004.降雨空间分布不均匀性对流域径流和泥沙
　模拟影响研究[J].水土保持研究,11(1):9-12.

张银辉.2005.SWAT模型及其应用研究进展[J].地理科学进展,24(5):121-130.

赵彦增,张建新,章树安,等.2007.HBV模型在淮河官寨流域的应用研究[J].
　水文,27(2):57-60.

赵勇,钱永甫.2008.夏季江淮流域暴雨的特征及与旱涝的关系[J].南京大学
　学报:自然科学版,44(3):237-249.

赵宗慈,丁一汇,徐影,等.2003.人类活动对20世纪中国西北地区气候变化
　影响检测和21世纪预测[J].气候与环境研究,(1):48-52.

赵宗慈,王绍武,徐影,等.2005.近百年我国地表气温趋势变化的可能原因
　[J].气候与环境研究,10(4):808-817.

赵宗慈.1990.全球环流模式在中国部分模拟效果评估[J].气象,16(9):13-17.

朱坚,张耀存.2009.全球变暖情景下中国东部地区不同等级降水变化特征
　分析[J].高原气象,28(4):889-896.

朱利,张万昌.2005.基于径流模拟的汉江上游区水资源对气候变化响应的研
　究[J].资源科学,27(2):16-27.

朱业玉,顾万龙.2009.河南省汛期极端降水事件分析[J].长江流域资源与环
　境,18(5):495-499.

后 记

转眼间,博士毕业已近三年,但奔波于南京、北京和芜湖三地的求学场景仍历历在目。2007 年,我有幸步入中国科学院这座神圣的科学殿堂,怀着对知识的渴望和对未来的憧憬,在恩师姜彤研究员的耐心指导下开始博士阶段的学习和生活,此书即攻读博士期间在姜老师的指导下完成的阶段性成果之一。

关于淮河流域的工作,自 2010 年 7 月博士毕业回到安徽师范大学就没有更深入的开展。每每夜深总是悔意涌现,为慰藉内心,总是找出各种各样的理由,其实都是一个字:"懒",总是不能找出当年读博时候的干劲。遥想当年,每每都是凌晨 1 点多才和同学一起说说笑笑回宿舍,甚至在路上还讨论问题,十分充实。而今,却总是消磨了时光。希望能够通过此书的出版,再燃激情,并以此为起点继续开展淮河流域的气候变化和水文水资源方面的研究工作。

在本书的撰写过程中,诸多老师和同学给予了大力支持。感谢"气候变化与长江洪水"课题组的每位成员,感谢中国科学院南京地理与湖泊研究所张奇研究员、薛滨研究员、陶辉博士,以及国家气候中心苏布达副研究员、翟建青副研究员对我的指导,感谢南京林业大学张增信博士、南京信息工程大学王艳君博士、王国杰博士等给予我的无私帮助,感谢中国科技大学曾小凡博士、河海大学刘波博等好友给予我的热情鼓励和帮助。

感谢我的工作单位安徽师范大学国土资源与旅游学院的领导、老师为我提供良好的环境开展相关研究工作。

多年来我的父母、夫人金高洁和儿子高子越给予我极大的支持,你们深深的爱给了我无尽的动力,使我能够坚定地从事科研工作。

在这个冬季的雨夜,纵使窗外寒风夹杂冷雨,仍深深感受到了团队和家庭的温暖,思绪万千,来到这个世界真奇妙!衷心感谢我生命中遇到的每一个人,是你们让我的生命更加美好!

限于研究水平和能力,书中不足之处难免,敬请各位专家、学者和广大读者不吝赐教。

高　超

2012 年 12 月 20 日夜于江城芜湖